启迪心智的故事

朱广海 编

吉林人民出版社

图书在版编目（CIP）数据

启迪心智的故事/朱广海编.—长春：吉林人民出版社,2010.10（2021.3重印）

（青少年探索文库）

ISBN 978-7-206-07059-4

Ⅰ.①启… Ⅱ.①朱… Ⅲ.①人生哲学—青少年读物 Ⅳ.①B821-49

中国版本图书馆CIP数据核字(2010)第192078号

启迪心智的故事

编　　者：朱广海
责任编辑：赵梁爽
吉林人民出版社出版（长春市人民大街7548号　邮政编码:130022）
印　　刷：三河市燕春印务有限公司
开　　本：700mm×970mm　　1/16
印　　张：13　　　　　　字　数：110千字
标准书号：ISBN 978-7-206-07059-4
版　　次：2010年10月第1版　　印　　次：2021年3月第2次印刷
定　　价：39.00元

如发现印装质量问题，影响阅读，请与印刷厂联系调换。

目　录

管仲病榻论相	/ 001
将相和	/ 003
赵王误用赵括	/ 006
齐威王纳谏	/ 009
卫鞅立木取信	/ 013
晏子使楚	/ 016
晏子智除"三杰"	/ 019
德莫高于爱民	/ 023
吕不韦从商人到丞相	/ 028
田穰苴执法如山	/ 033
冯骓收贷	/ 037

张释之执法	/ 042
犟脖子县令	/ 044
刘邦戏县令	/ 048
吕后为儿争太子	/ 052
郭嘉纵论"十胜"	/ 055
景帝悔杀晁错	/ 059
隆中对策	/ 063
萧何月夜追韩信	/ 066
张良在鸿门宴上显身手	/ 069
曹操割发代首	/ 073
曹操棒杀蹇叔	/ 076
煮酒论英雄	/ 078
奢侈之害,甚于天灾	/ 080
洛阳纸贵	/ 083
周处改过自新	/ 086
王羲之苦练书法	/ 090
相思树	/ 093
陶侃轶事	/ 095
刘义隆用人	/ 098
花木兰替父从军	/ 101

目 录

江淹退步 / 104

隋文帝宽下严上 / 107

瓦岗军的兴与败 / 111

兼听则明　偏信则暗 / 117

不私于党　惟才是举 / 120

文成公主选婿 / 123

请君入瓮 / 126

谏太宗十思疏 / 129

姚崇灭蝗 / 131

李隆基不爱江山爱美人 / 134

张巡借箭 / 138

一位勇敢机智的少年 / 142

怀素学写字 / 145

石敬瑭断案 / 148

杯酒释兵权 / 150

杨继业被害 / 153

包拯巧断牛舌案 / 156

王安石变法 / 158

范仲淹推行新政 / 161

范仲淹的名节 / 164

欧阳修上书宋仁宗	/ 167
狄青出任枢密使	/ 170
沈括舌战杨益戒	/ 173
蔡京、童贯投机钻营	/ 176
宗泽忠义报国	/ 179
宋徽宗招降梁山泊农民起义军	/ 183
黄天荡阻击战	/ 185
胡铨被流放	/ 189
岳家军大破"拐子马"	/ 191
岳飞冤死风波亭	/ 194
金世宗节俭治国	/ 197
成吉思汗临终前的嘱咐	/ 200

管仲病榻论相

管仲，今安徽省颍上县人。出身贫苦，以商贾为业。自幼与鲍叔牙为知己，后经鲍叔牙举荐，任齐国的相国，辅佐齐桓公"九合诸侯，一匡天下"，使齐国成为春秋时代第一个霸主之国。管仲以国家利益为重，重用人才，不存私心偏爱友人。病榻论相这一故事流传至今，后人钦敬不已。

公元前645年，管仲重病不起，齐桓公前往探望，与管仲谈到将大政委托于何人。齐桓公欲任鲍叔牙，管仲诚恳地说："鲍叔牙是君子，但他善恶过于分明，见人之一恶，终身不忘，这样是不可以为政的。"然后他向齐桓公推荐了不耻下问、居家不忘公事的隰朋，认为隰朋可以帮助国君管理国事。管仲还提醒齐桓公，千万不可任用易牙、竖貂和卫公子开方。齐桓公不同意他的看法，说："易牙为了满足我的要求，不惜烹了自己的儿子为我做肉羹，爱寡人胜于爱自己的儿子，难道他对我还不够忠心吗？"管仲说："不爱亲生骨肉是没有人性，没有人性的人，又怎么会真心对您啊？"齐桓公又问："竖貂宁愿自残身肢来侍奉寡人，这样的人难道还会对我不忠吗？"管仲说："不爱自己的肢体，是违反人情的，这样的人又怎么可能真心忠于您呢？"齐桓公说："卫公子开方舍弃了做千乘之国太子的机会，而屈居做我臣下15年，父亲去世也没有回去奔丧，这样的人我可以信任吧？"管仲摇头道："人都有父子情谊，没有父子情谊的人，不会忠于国君。况且千乘之封地，是人梦寐以求的，他放弃千乘之封地，俯就于国君，他心中所求的必是过于千乘之封。请您务必疏远这三个小人，宠信他们国家必乱。"

易牙听说这段谈话，就去挑拨鲍叔牙，说管仲阻止齐桓公任命鲍叔牙。鲍叔牙笑着回答："管仲荐隰朋，说明他一心为社稷宗庙考虑，不存私心偏爱友人。我做司寇，驱逐佞臣，正合我意，如果让我当政哪里还会有你们的容身之处。"易牙羞愧而退，深觉管仲交友之密，知人之深。

不久管仲不治而亡。三年后，齐桓公果然被易牙、竖貂、卫公子开方三个小人害死。随着管仲、齐桓公的相继离去，齐国的霸业也逐渐由衰微而终于结束了。

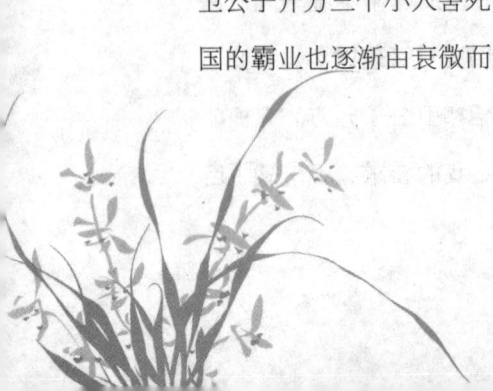

将 相 和

"将相和",是战国后期赵国的宰相蔺相如,在处理同老将廉颇的关系上,相如以国家利益为重,不计个人恩怨,结果将相和好,达到了团结的目的,这一脍炙人口的佳话,流传至今,仍被人们广为传颂。

渑池之会(前279年),赵惠文王亲眼看到蔺相如英勇机智,胆识过人,是个不可多得的人才。回到朝廷以后,赵惠文王封蔺相如为上卿,地位在廉颇之上。廉颇心中很不服气,气愤地自语道:"我身为大将,战功显赫,蔺相如只不过是耍嘴皮子的功劳,反而地位比我高,况且他以前是个地位卑微的人,岂不令人羞耻,我怎甘心居他之下!"于是,廉老将军扬言,要找个机会羞辱蔺相如一番。

这些话,不久便让蔺相如知道了。为了避免与廉颇见面,他尽量不出门,后来索性告病,连朝也不上了。廉颇寻不着蔺相如,气自然也出不了。这一天,他远远地看见上卿蔺相如的车马,忙命令随从驱车到前面堵截。早被蔺相如发觉,便急忙回车躲避,免得正面与廉颇冲突,弄出不愉快的事来。这样的情景出过几次以后,连蔺相如的舍人们也觉得丢了面子,就一同来进见相如说:"我等远离亲人,而来侍奉先生,原因是钦佩您的高义。而今先生与廉颇同朝为官,他口出恶言,您却怕他躲他,这真是太过分了。这种做法,谁不感到羞耻,更何况是您呢!我们没什么德行,就此告别。"

相如见舍人们真要离去,忙起身阻止,说:"诸位认为廉将军和秦王相比,哪个厉害?"众舍人说:"当然是秦王。"相如接着说:"秦国这样的虎狼之邦,我尚且不怕,怎么会怕廉老将军呢!"众舍人不解,问道:"既然不怕,为什么躲避他呢?"

蔺相如见问,慢慢坐下身子,说道:"强秦之所以不敢对赵国进犯,原因就是我和廉老将军在赵国朝廷。我们二人倘若不和,强秦就会乘虚而至。我躲他,是为了国家大局,怎能计较一己之愤呢!"众舍人听相如说出这番道理,无不心服。不久,这些话,也就传到了廉颇那里,竟把廉颇羞愧得无地自容。

这一天蔺相如正在家中,廉颇不经通报闯了进来。相如不知廉颇意欲何为,急忙起身迎接。只见廉老将军裸露着上身,

背上绑着抽打人用的荆条，快步走到相如面前，双膝跪倒，说道："我廉颇胸襟狭窄，得罪先生，特来请罪。任先生责罚，只是不要不理睬我！"相如见状，大为感动，忙双手将廉老将军扶起。自此以后，二人和好，终成生死之交。

蔺相如这种以国家利益为重，善于团结人的精神，对后人，乃至今人仍有裨益。

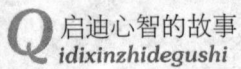

赵王误用赵括

孝成王七年（前259年），秦军与赵军在长平对阵，那时赵奢已死，蔺相如又病倒在床上，赵王派廉颇率兵攻打秦军，秦军多次战败赵军，于是赵军加固营垒不出战，秦军挑战，廉颇坚守阵地不去应战。嗣后赵王听信秦军的离间之言，说："秦军所厌恶怯战的，就是怕马服军赵奢的儿子赵括来任将军。"

赵王说："秦军怕赵括，我就偏任命赵括为将军。"

赵括被任用后，掌握了兵权，从而取代了廉颇。蔺相如说："赵王只凭名声来任用赵括，就如同用胶把调弦的柱粘死而去弹瑟那样不知变通。因为赵括只会读父亲留下的书，不懂得灵活应变。"赵王不听蔺相如的劝告，还是仍派赵括为将。

赵括幼时就跟父亲学习兵法，谈起用兵头头是道，自认为

天下无人能比过他,可是从来没有指挥过用兵打过仗,只是口头上谈论兵法。有一次,他与父亲赵奢谈论用兵之事,赵奢也没说过他,可是并不赞许他,赵括的母亲问赵奢这是为什么?赵奢说:"用兵打仗是关系到国家命运的大事;是战事胜负,将士生死关头的大事,然而他却把这件事说得那么轻松容易。假使赵王不用赵括为将也就罢了,如果一定要他率兵打仗,葬送赵军的一定是他呀!"

赵括被任命将军后,待他即将启程的时候,他母亲急忙上书赵王:"不宜让赵括担任将军领兵打仗。"

赵王问:"何故?"

母答:"当初我侍奉他父亲时,士兵们视如亲兄弟,如今赵括刚刚当上了将军,就高高在上,面朝东接受朝见,军吏都害怕他,看见他不敢抬头,大王赏赐的金帛全拿回家里藏起来,还购买便宜的田园家产,全供自己享用,大王,你看,他哪还有像他父亲的样子?父子二人的心地不同,希望大王不要派他领兵,如果让他率兵打仗,江山难保,必毁大业。"

赵王听不进去赵括母亲的话,并说:"你对这件事就不要多管了,我已经决定让赵括领兵打仗。"

赵括的母亲见赵王不采纳自己的上书,便说:"你一定要任命他为将,让他领兵打仗,万一有不称职的情况,我可不可以不受株连?"

赵王答应了他的请求。

赵括取代廉颇以后，全部改变原有的军事部署和计划，另立军风军纪，还撤换了廉颇时的军吏，一切自行其是。

秦军将领白起听说了这一详情，大喜，紧接着就派了一支骑兵，假装败逃，实去截断赵括运粮食的道路，把赵军分割成两半，赵军士兵离心。过了四十多天，赵军被断粮道，赵括率兵亲自搏斗，因指挥失利，赵括被秦军用箭射死在战场上。

赵括军队大败，于是几十万大军纷纷投降秦军，秦军把他们缴械后全部活埋了。赵国前后损兵折将四十五万人马。

第二年，秦军又包围了邯郸，围困了一年多，赵国几乎不能解脱，全靠楚国、魏国发兵援救，才得以脱险。赵王也因赵括母亲预先上书有言，这才未株连她。

赵王刚愎自用，误中秦国之计，在蔺相如与赵括母亲的谏阻之下，仍然一意孤行，任用只会纸上谈兵的赵括为将，取代经验丰富的廉颇。致使兵败长平，元气大伤。由此可见，用人不当，则会带来危害。然而，赵括被杀在意料之中，赵王用错人却是整个赵国的悲剧！

齐威王纳谏

齐威王能够虚心听取各种批评和建议,善于识别忠奸,赏功罚罪,惩恶扬善。当时,邹忌做相国,他善于劝谏,敢于直谏,帮助齐威王治理国家,出了很多好主意,齐威王言听计从,有一段小故事足以说明。

一天早晨,邹忌起来穿好衣服,戴上帽子,对着镜子照了照,看到自己模样蛮不错,匀称的身材,端正的脸膛,白净的皮肤,心里挺得意,就向他的妻子说:"我跟城北徐公比,谁漂亮呀?"妻子笑着说:"当然是您漂亮啦,徐公哪能比得上您呀!"城北徐公当时是有名的美男子。邹忌不相信妻子的话,又去问侍妾:"你看,我跟城北徐公比起来,哪个漂亮呀?"侍妾说:"徐公哪能跟您比,您比他好看多了。"过了一会儿,又来了一位客人,邹忌又问客人,说:"人家都说我比城北徐公漂亮多了,您看是这样吗?"客人说:"一点不错,您确实比徐公漂亮多了。"第二天,城北徐公过来拜访。邹忌把徐公上上下下仔细看了一番,感到自己不比徐公漂亮,偷偷照了镜子,再看看徐公,更觉得自己比徐公差远了!晚上,邹忌躺在床上心里折腾开了:"我明明不如徐公漂亮;为什么妻子、侍妾、客人都说我比徐公漂亮多了呢?"想来想去,悟出一个道理。第二天一早他就上朝去了,把这件事说给威王听,威王听了哈哈大笑起来,问:"为什么他们都硬说您比徐公漂亮?"邹忌说:"昨儿夜里想了好久才明白过来,妻子说我美,因为她对我有偏爱,侍妾说我美,因为她怕我不高兴,客人说我美,那是因为客人有事情求我。他们都是为了讨好我。"威王听了点点头说:"你说得很对,听了别人的好话,得考虑考虑,不然就很容易受蒙蔽,分不清是非。"邹忌接上话茬,严肃地说:"大王,我看您受的蒙蔽比我还深呢?"威王把脸一沉,问:"你这话什么意思?"邹忌不慌不忙地说:"这个意思很明白。我妻子、侍妾、客人,为了讨好我而蒙蔽了我。如今,齐国有上千里的地方,一百多个城镇,王宫里的美女、侍从没有不偏爱大王的;朝廷上的大臣没有不害怕大王的;天下各国没有不求大王的,他们为了巴结大王,在您眼前尽说些好听的话,由此看来,大王受到的蒙蔽是很深的呀。"

威王恍然大悟地说:"先生您说得实在好极了!"齐威王向全国发布了一道命令:"不论什么人,能当着面指出我缺点错误的,给上等奖;书面向我提意见的,给中等奖;就是在背后议论我的过错,只要我知道啦,也给下等奖。"这一命令发布后,大臣们来提批评建议的,挤满了殿堂,整天不断;几个月后,稀稀拉拉没多少人了;过了一年,就是想说,也没什么可说的了。

邹忌觉得光让人家提意见还不够,还得做调查,才能做到心中有数。一次,他向朝里大臣了解地方官吏的情况,大臣们都夸阿城县令好,都说即墨县令坏,邹忌把这一情况告诉了威王,请威王派人专门去查,不久,调查的人回来了,威王宣阿城县令、即墨县令入朝。那一天,威王先让人在大殿的一边摆放好黄金绸缎,另一边放一口大锅,烧了一锅开水,然后下令把文武百官都召集起来。大臣们猜想,这次阿城县令准会得重赏,即墨县令可要倒霉了。只见威王把即墨县令召上来,对他说:"自从你到即墨做官,就不断有人到我这里告你的状,说你怎么怎么坏,我派人到你那里调查,发现庄稼种得很好,百姓安居乐业,官吏都忠于职守,使得国家的东方得以安宁,这都是你治理得好呀。可是,因为你不向我身边的大臣们送礼,得罪了他们,所以他们才说你的坏话。我要是偏听偏信,岂不是要冤枉你这样一个好县令吗?现在,我把这一堆黄金绸缎奖给你,另外,封给你一万户的俸禄!"大臣们听了个个目瞪口呆,心里打起鼓来。这时候只听威王大喝一声:把阿城县令带上来!"他指着这位县令说:"从你做了阿城县令,几乎天天

有人夸你,说你怎么怎么好。我派人到你那里调查,只见庄稼荒了,百姓缺吃少穿。赵国打进来了,你也不管。就只知道贿赂我身边的大臣,让他们替你说好话。全国县令都像你这样,我这齐国不就完蛋了吗?来人!把他处死。"话音刚落,兵士们一拥而上,不由分说,把阿城县令扔到锅里煮了。

　　威王又把平素昧着良心、颠倒是非的大臣叫过来,责备他们说:"你们都是我最亲近的人,我把你们看作耳朵和眼睛,希望你们给我反映实际情况。你们受了贿,就颠倒是非,变着法儿欺骗我。大臣们要都像你们这样,我这王位还坐得住吗?来人,一起把他们都给煮了!"这帮大臣吓得魂不附体,趴在地上直磕头求饶。威王气呼呼的,最终还是挑了几十贪赃枉法的罪大恶极的大臣,扔到锅里煮了。

　　这样一整治,可把那些贪官污吏吓坏了,再也不敢胡来,生怕威王查出治罪。从此,齐国一天比一天的强大起来,成为战国时期的一个霸主,威王十分高兴,也十分感激邹忌,把下邳的地方赐给了他,并封他为"成侯"。对他说:"成全我的大业,真是多亏先生啊!"

　　齐威王善于纳谏,不信谗言,能听信忠言,能亲贤人,远小人,抓实情,重实绩,奖惩分明的做法,今人应当效仿。

卫鞅立木取信

秦孝公即位时,国家十分困难,外有强邻欺压,不时派兵侵夺秦国的土地,内有贵族们的专横,政令难以畅通,日子很不好过。孝公决心奋发图强,改变国家落后的面貌。为寻找治理国家的能人,就下了一道命令:"不管是本国人还是外国人,谁有办法能使秦国富强起来,就封他做大官,赏给他土地。"不久,一个卫国人叫卫鞅的,应征来到秦国。

卫鞅到了秦国,见到了孝公,就把富国强兵的道理和办法给孝公讲述了一遍,他说:"一个国家要富强起来,就必须重视农业生产,这样,老百姓有吃有穿,军队才有充足粮草;要训练好军队,做到兵强马壮;还要赏罚分明,种地收成多的农民、英勇善战的将士,都要鼓励和奖赏,对那些不好好生产的、打仗怕死的人,要加以惩罚。真能做到这些,国家没有不富强的。"孝公听了，非常赞同，决定变法，改革旧的制度，推行了卫鞅提出的一些新法令。

消息一传开，贵族大臣们一起反对。不少大臣劝孝公要慎重，不要听信卫鞅的那一套。众说纷纭，莫衷一是，意见很不统一。为了统一思想，孝公便把文武百官召集起来，让他们辩论。一个叫甘龙的大臣说："现在的制度是祖宗传下来的，官吏做起来得心应手，老百姓亦都习惯了。不能改，改了准会乱！"另一些大臣也跟着附和起哄，"新法是胡来"，是"谬论"，"古法、旧礼改不得！"卫鞅理直气壮地驳斥他们说："你们口口声声讲古法、旧礼，请问这一套做法能使国家富强起来吗？从古以来就没有一成不变的法和礼。只要对国家有好处，改变古法、旧礼有什么不对？墨守成规只能使国家灭亡。"卫鞅从古到今，列举了大量事实，说明变法的需要，把那些大臣们驳得理屈词穷，哑口无言。孝公听卫鞅讲得头头是道，把反对的人一个一个都驳倒了，心里非常高兴。对卫鞅说："先生说得对，新法非实行不可！"说罢就拜卫鞅做左庶长（古时一种官名），并且宣布：谁再反对，就治谁的罪。这样，那些大臣都不敢再吭声了。

卫鞅推行新法，一怕持不同意见的大臣们思想并没真通，仍有阻力；二怕新法没威信，百姓不相信，推行不开，他就想了个办法，叫人在都城的南门立了一根三丈多长的木头，旁边贴了一张告示："谁能把这根木头扛到都城北门，赏他十金。"

不多会儿,木头周围就围满了人。大家心里直犯嘀咕,这根木头顶多百多斤重,扛着走几里路不是什么难事,怎么给这么多的金子呢?是否设了什么圈套呢?谁也不敢去扛。卫鞅一看没人敢扛,又把赏金提高到五十金。这么一来,人们更加疑惑不解了,都猜不到这新上任的左庶长葫芦里装的什么药。这时只见一个粗壮的汉子分开人群,跨上前去,说:"我来试试。"扛起来木头就走。许多看热闹的人,好奇地跟着,一直跟到城北门。只见新上任的左庶长正在那里等着。他夸那大汉说:"好,你能相信和执行我的命令,真是一个良民。"随即就把五十金奖给了那大汉。这事儿很快就传开了,大家都说:"左庶长说话算数,说到做到,他的命令可不是随便说说的呀!"

卫鞅言必行,行必果,取信于老百姓,新法令得到了推行。十年之后,秦国变成了当时最富强的国家,孝公受周天王之封,封为"方伯",成为一方诸侯的领袖。中原各国都纷纷前来祝贺,对这个新兴的强国都另眼相看了。

晏子使楚

晏子是一位有名的政治家、外交家，他博学多才，聪明机智，为齐国的富强做了很多事。他经常出使强国，用巧妙的方法制服对方，建立起友好关系，留下许多动人的故事，出使楚国就是一个例子。

楚灵王听说晏子要来，便对大臣们说："晏子是齐国能言善辩很有名气的大臣，可他身高不足五尺（一尺约合现在的七寸多一点），我想当面羞辱他一番，也好叫他知道我们楚国的威风，你们有什么妙计？"有一个大臣在楚灵王耳边嘀咕了半天，楚灵王眉开眼笑，连说："好，好！就这么办！"

楚灵王命人在城门旁边连夜开了一个五尺多高的小洞，吩咐守门的士兵说："等齐国的使臣来到的时候，把大门关上，让他们从这个小洞进来。"过了不久，晏子到了，见大门没开，就把车停了下来,让人去叫门。守门的士兵说:"听说齐国的使臣身材矮小,可以从小洞进城嘛,用不着开大门。"晏子严肃地说:"这是狗洞,不是人出进的。出使狗国的人,才从狗洞进城,难道我是出使到狗国来了吗?"守门的士兵无话可说,只好打开城门,迎接晏子进城。

晏子拜见楚灵王,楚灵王笑嘻嘻地说:"怎么,齐国就没有人了吗?"晏子回答说:"不!光是我们齐国都城就有几万人,要是人人都把衣袖张开,就能把太阳遮住,每人哈一口气,天空就会出现一片乌云;每人挥一把汗,立即就汇集成雨水。行人肩挨着肩,脚跟着脚,怎么说齐国没人吗?"楚灵王说:"那么,为什么单单派你这样的人来当使者?"晏子哈哈大笑,说:"我们齐国派遣使者有个规矩:有德有才的人,出使贤者为王的国家。没出息的人,出使庸者为王的国家,我是一个没出息的人,只能出使到你们楚国来。"

楚灵王觉得晏子言辞确实厉害,不敢和他辩论下去,便恭恭敬敬请晏子入席喝酒。大家正喝得高兴热闹的时候,突然有两个士兵押着一个囚犯从大殿下走过。楚灵王问:"这个囚犯是哪里人?犯了什么罪?"士兵回答说:"是齐国人,犯了盗窃罪。"楚灵王眼睛盯着晏子说:"齐国人都善于偷盗吗?"作陪的楚国大臣们听了,哄堂大笑。晏子离开座位,从容不迫地说:"我听说橘树生在淮河以南,结出来的橘子又大又甜;要是把桔树种在淮河以北的地方,就只能结出又酸又小的枳。为什么会变成枳呢？因淮南淮北的水土不一样呀！同样道理，这个人在齐国并不偷盗，一到楚国就偷盗，这大概是因为楚国的水土容易使百姓偷盗吧？"楚灵王又讨了场没趣，只得说："我本想跟先生开开玩笑，没想到反被先生取笑了。"于是，楚灵王对晏子更加敬重了。晏子临走的时候，楚灵王送给他许多礼物，并且亲自为晏子送行。晏子出色地完成了出使楚国的使命，与楚国建立于友好关系。

齐景公见晏子为国争了光，十分高兴，提拔他做了相国。

晏子智除"三杰"

晏子做相国时，齐国有三个大力士，一个叫公孙捷，一个叫田开疆，一个叫古冶子，号称"三杰"。因为他们勇猛异常，故被齐景公所宠爱，晏子遇到这三个总是恭恭敬敬地快步走过去，这三个人连站也不站起来，根本不把晏子放在眼里，他们仗着齐景公的宠爱，为所欲为。当时，齐国的田氏，势力愈来愈大，他联合了国内几家大贵族，打败了掌握实权的栾氏和同氏，威望愈来愈高，直接威胁着国君的统治。田开疆正属田氏一族，晏子很担心"三杰"为田氏效力，危害国家，想把他们除掉，又怕国君不听，反倒坏了事。于是心里暗暗拿定了主意，用计谋除掉他们。

一天，鲁昭公来齐国访问。齐景公设宴招待他们。鲁国是叔孙婼执行礼仪，齐国是晏子执行礼仪。君臣四人坐在堂上，

"三杰"佩剑立于堂下,态度十分傲慢。正当两位国君喝得半醉的时候,晏子说:"园中的金桃已经熟了,摘几个请两位国君尝尝鲜吧!"齐景公传令派人去摘。晏子说:"金桃难得,我应当亲自去摘。"不一会儿,晏子领着园吏,端着玉盘献上六个桃子,每个桃子都有碗口大,色泽鲜美,香气扑鼻。景公问:"就结这几个吗?"晏子说:"还有几个,没太熟,只摘了这六个。"说完就献给鲁昭公、齐景公每人一个金桃。鲁昭公边吃边夸金桃味道甘美。齐景公说:"这金桃不易得到,叔孙大夫天下闻名,应该吃一个。"叔孙大夫谦让道:"我那里赶得上晏相国呢!相国协助君王管理国政,功绩卓著,诸侯佩服,这个桃应当请相国吃。"齐景公说:"既然叔孙大夫推让相国,就请你们二位每人吃一个金桃吧。"两位大臣谢过景公。晏子说:"盘中还剩下两个金桃,请君王传令各位臣子,让他们都说一说自己的功劳,谁功劳大,就赏给谁吃。"齐景公说:"这样很好。"便传下令去。

话音未落,公孙捷走了过来,得意洋洋地说:"我曾跟着主公上山打猎,忽然一只吊睛大虎向主公扑来,我用尽全力把老虎打死,救了主公性命,如此大功,还不该吃个桃子吗?"晏子说:"冒死救主,功比泰山,应该吃一个桃。"公孙捷接过桃就走。

古冶子喊道:"打死一只虎有什么稀奇?!我护送主公过黄河的时候,有一只老鼋咬住了主公马的腿,一下子就把马拖

到急流中去了。我跳下河去把老鼋杀死，救了主公，像这样大的功劳，该不该吃个桃子？"景公说："那时候，黄河波涛汹涌，要不是将军斩鼋除怪，我的命就保不住了，这是盖世奇功，理应吃个桃。"晏子急送古冶子一个金桃。

田开疆眼看金桃分完，急得跳起来大喊："我曾奉命讨罚徐国，杀了他们主将，抓了五百多俘虏，吓得徐国国君称臣纳贡，领近几个小国也纷纷归属咱们齐国，这样大的功劳难道不能吃个桃吗？"晏子忙说："田将军的功劳比公孙将军和古冶将军的大十倍，可是金桃已经分完，请喝一杯酒吧，等树上的桃子熟了，先请您吃。"齐景公也说："您功劳最大，可惜说晚了。"田将军手按剑把气呼呼地说："杀鼋打虎有什么了不起，我跋涉千里，出生入死，反而吃不到桃，在两国君面前受到这样的羞辱，我还有什么脸活着。"说着，竟然挥剑自刎了。公孙捷大吃一惊，拔出剑来说："我的功小而吃桃，开疆功大反倒吃不到，真没脸活着。"说着也自杀了。古冶子沉不住气了，大喊道："我们兄弟三人是兄弟之交，誓同生死，他们二人死了，我怎么能一个人活着？"说着也拔剑自刎了。齐景公急忙拦阻，已经来不及了。

鲁昭公看到这个场面惋惜地说："我听说这三位将军都有万夫不挡之勇，真可惜为了一个桃子都死了。"齐景公沉默不语，脸色十分难看。这时，晏子不慌不忙地说："他们都是有勇无谋的匹夫，虽有微薄的功劳，也没什么可惜的。"鲁昭公又问："贵国像这样的勇士有几位？"晏子说："足智多谋，英勇善战，真正的文武全才有数十人，像他们三人这样的武夫就更多了，多几个少几个没什么了不得。各位不要介意，还是饮酒吧。"说罢，晏子便给两位国君敬酒。

鲁昭公走后，景公问晏子："你在酒席间对答如流，总算保住了齐国的面子，只怕再难找到像'三杰'这样的人才了。"晏子说："我向您推荐一个恐怕'三杰'合起来也抵不过他。"景公问："他是谁？快把他请来。"

晏子推荐的这个就是后来扬名天下的田穰苴。从此以后，齐国文有晏子，武有田穰苴，把齐国治理得国富兵强，虽不比齐桓公时威风，可也没有人敢欺侮齐国。

德莫高于爱民

晏子曾历事齐灵公、齐庄公、齐景公。

景公曾派晏子去治理阿县。三年后,很多人说晏子的坏话,景公没有调查研究,也不了解实情,因此很不高兴,准备撤掉晏子的官职。晏子说:"我知道自己的过错了,请让我重新治理阿县,三年后,您会听到很多人讲我好话的。"三年后,景公果然听到很多人说晏子的好话,于是非常高兴,下令召见晏子,并赐以奖赏。不料晏子竟拒绝恩赏,景公很以为怪,细问其故。晏子对他说:"以前我治理阿县时,铁面无私,治理很严,得罪不少人。严肃法纪,打击邪恶,因此,他们怨恨我,到处说我的坏话;提倡勤俭安分,惩罚盗贼懒汉,因此,那些坏人惰民怨恨我,到处说我的坏话;亲朋好友有求于我,不合法的我坚决不答应,因此,他们怨恨我,到处说我的坏话；对于地位高的人，我不超过礼的规定，因此，他们怨恨我，到处说我的坏话。这样，三年来，阿县虽得到了治理，社会安定，民乐耕作，但上上下下对我不满的人却极尽能事地说我的坏话，当然也就传到大王的耳朵里。后来我改变做法，听之任之，无为而治，不干得罪人的事，经过三年，好话又传到大王的耳朵里了。实际上，我以前治理阿县是应该得到奖赏的，可是您却怪罪我，我现在治理阿县是应该受到惩罚的，可您却奖赏我。我不能接受大王的奖赏。"

通过这件事，景公才知道晏子确是一贤能之人，对他很信任，并委以国家大事，几年后，齐国兴盛起来。

晏子是位具有爱民思想的政治家。他认为，应该体察百姓的温饱疾苦，反对国君和贵族的穷奢极欲以及官府对百姓的残酷压榨。他说过，"德莫高于爱民，行莫厚于乐民。"他常常为百姓代言，批评和揭露国君的过失和罪恶。

有一年的阳春三月，景公带着妃妾和群臣出游，一路上前呼后拥，人欢马叫，异常热闹。在一片桃林前，景公坐下休息，面对良辰美景，莺啼燕叫，甚感惬意。然而在不远的乱草丛中有几堆白骨，几只野狗正在骨堆中跳来跳去。景公感到很晦气，换了一个地方，又和妃妾们嬉戏起来。

侍立一旁的晏子却潸然泪下。景公见状，惊问其故。

晏子指着白骨说："我悲叹这些人生不逢时，死亦不逢时啊。"他看了看景公疑惑不解的表情，因势利导，继续说：

"从前我们先君桓公出游,路遇饥饿之人就赐以吃食,遇有疾病之人,就赏钱予以治病,见到百姓过于疲惫,就下令减轻劳役,见到百姓过于困苦,就下令减免赋税。所以老百姓都高兴地说,国君出游我们乡里,真是我们的大幸呀。如果这些人生在那时,就不会因挨饿而死,死了亦不会露骨荒郊而无人收尸埋骨。"

景公沉默不语,心有所动。

晏子把话锋一转,直截了当地谏劝说:"现在大王出游,方圆40里之内的百姓,都得献出财物供您用,交出车马供您驱使,而他们自己却饥寒交迫,甚至白骨相望,您却不闻不问,这就有失为君之道。财穷力竭,则下难以养上;骄奢淫逸,则上不能慈下。上下之间离心离德,君臣之间不能相亲,这就是国家衰亡的原因。如果想要保住国家基业以使江山万代,爱惜百姓才是根本啊!"

景公自惭,下令随行武士敛具死尸白骨,加以埋葬。回宫后,又下令打开府库赈济百姓,桃林方圆40里的百姓一年之内不服劳役不纳赋税。景公自己也下了令,三个月内不出游。

一天,晏子和景公正在路寝台上谈论如何兴国安邦。

景公缅怀了齐桓公时的文治武功,希望能光复先君的伟绩大业,使齐国能重新雄视天下。

晏子想了想,回答说:"我想和大王徒步简从,微服察访一下民情,回来再议国家大事,好吗?"

景公同意，君臣二人来到京城闹市，走进了一家鞋店。各种各样的鞋不少，却无人问津，倒是有不少人买假脚。景公吃惊地问鞋店老板，老板说："当今国君滥施酷刑，动辄处人以刖刑，人们被砍去了脚，不买假脚如何生产生活呢？"老板神色凄然，景公听了也很不是滋味。

景公和晏子从鞋店出来，来到百姓居住的小巷，只见房子东倒西歪，顶破墙塌。两个挖野菜的孩子衣不蔽体，面黄肌瘦，十分可怜。不一会又走来一对老年夫妇，正沿街乞讨，可是谁家能拿出东西给他们呢"老人浑浊的眼睛里闪动着孤苦无助的乞怜的目光，佝偻着身子颤抖打晃。君臣二人看在眼里，很有触动。

次日早晨，景公和晏子又来到路寝台议政。

晏子说："从前我们的先君桓公之所以建立了丰功伟业，是因为他爱惜百姓，廉洁奉公，宫中无奢华之物，不为满足欲望而多征赋税，不为修建宫室乱役百姓，选贤任能，国风清正，有钱的不轻慢贫穷的，有功的不居功自傲，有才智的不自命不凡，大臣们没有过多的俸禄，孤独老人有所养，在上位的没有骄傲放纵的丑行，在下位的没有奉承巴结的恶习。正因为此，百姓才乐为王用，有才智的人也能忠心耿耿，同心同德，众志成城。如今国君疏远贤良君子，亲近阿谀奉承小人，百姓赋税沉重，库府物资腐坏，粮仓的粮食都生了蛀虫，酷刑骇人听闻，百姓面有菜色，心怀不满，这样下去，臣恐怕国家就危险了。"

景公说:"相国言之成理。寡人已经明白,要治理好国家,就必须使百姓丰衣足食。如果百姓食不果腹,衣不蔽寒,怎能国泰民安呢?希望先生一如先君的相国管仲,施展雄才大略,鼎力相助寡人。寡人也要效法先君光大宗祠社稷。"

话虽是这样说,可宫廷生活时间一长,追求享受,吃喝玩乐的思想便与日俱增,加上谄媚之徒巧言迷惑,景公变得更加骄恣任性,三天一小宴,五天一大宴,一旬一出游,根本不把百姓的死活放在心上。恰好此时又逢灾年,老百姓饥寒交迫,受尽了煎熬。晏子几次建议打开国库放粮救灾,景公不但不答应,反而要大兴土木,花费大量的钱财为自己修造楼台亭阁,以资玩赏。晏子苦于不能救民于水火,吃不好睡不安,日渐消瘦。令人奇怪的是,几天后,虽然眼睛熬红了,但晏子还是很高兴地上朝去拜见国王。

景公很吃惊,晏子一贯反对修造楼台亭阁,如今怎么请求负责修建工程呢?难道他终于想通了。不管怎么说,这是好事。景公同意晏子负责修建工程,也同意了增加修建费用。

于是晏子下令增加民工的工钱,故意放慢工程的进度,定期更换民工,用这种办法使民工多得工钱,借以维持生活。历经三年,亭台楼阁修好了,齐景公很高兴,老百姓也度过了灾年。这是晏子的巧妙安排,善于变通的结果。人们都感激地说:"晏子真是一位有智谋的高明的相国啊!"

晏子善政爱民,敢于直谏的精神,后人钦敬不已。

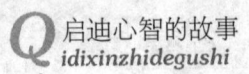

吕不韦从商人到丞相

秦、赵两国为了表示和好，互相交换王子王孙作为人质做抵押，秦昭王的孙子子楚就被抵押在赵国做人质。后来秦国不守信用，经常派兵去侵略赵国，所以赵国对子楚很是冷淡，子楚住在赵国很不得意，生活也不富裕，甚至连起码的贵族排场也难以维持了。

这时候，韩国阳翟地方有个大商人，叫吕不韦，到赵国首都邯郸做买卖，碰见了子楚。吕不韦看到子楚的困难处境，他认为自己发财的机会来了，他可以在子楚身上发一笔横财，还可以在子楚身上捞取政治地位，光耀门庭。

吕不韦回到家里，对自己的父亲说："您老人家知道耕田可以得到多少利息吗？"父亲回答说："年成好可以赚得十倍利息。"吕不韦又问："贩卖珍珠宝玉，能赚多少利息呢？"父

亲回答说:"碰巧了可以赚得一百倍的利息。"吕不韦又接着问:"如果拥立一个国王可以得多少好处呢?"父亲说:"帮人取得天下,那好处多得就难以计算了。"吕不韦说:"如今有个拥立国王取得天下的大好机会,我想碰碰运气,如果成功了,不但我自己能够得到荣华富贵,并且连子孙后代都能得到好处。"父亲忙问这是怎么回事,吕不韦回答说:"秦国王孙子楚,如今在赵国做人质,我想拥立他做秦国国王,从他身上得到那数不清的好处。"

于是吕不韦就跑去找子楚,对他说:"你是秦国的王孙,可是你现在的处境太困难了。我倒有个办法,能够光大你的门庭,使你的处境大大改善。"子楚苦笑着说:"你别取笑我了,你还是去光大你自己的门庭吧。"吕不韦说:"你可不知道,要待到你的门庭光大了,我的门庭才能光大。"子楚是个聪明人,他听出来这个大商人话里有话,就赶快给吕不韦让座,两个人一块商量起互相光大门庭的具体办法来。

吕不韦对子楚说:"你的祖父年老力衰,已经把你的父亲安国君立为太子,继承王位。你父亲最宠爱华阳夫人,可是华阳夫人有病,没有生儿育女的希望,同时,到现在安国君还没有确定自己的继承人。你们有兄弟二十多人,你居中,一向不被祖父和父亲所重视,因此把你抵押在赵国做人质。如果你祖父一死,你父亲安国君做了国王,就会让你的大哥做继承人,这太子的位置,当然就轮不到你了。"

吕不韦的话正好说到子楚的心病上,他赶快接着问:"先生说得对,您认为我应当采取什么办法,才能取得做太子的机会呢?"

吕不韦说:"你太穷了,没钱给你父亲和华阳夫人贡献礼品,也没钱结交朋友。我虽然不富裕,但我愿意拿出一笔财产,到秦国去替你活动,请安国君和华阳夫人确定你做继承人。"子楚听了非常激动,他赶快给吕不韦作揖,说:"那太好了,要是真能像您所说那样,将来我情愿和您共享秦国的天下。"

于是吕不韦拿出一千两金子来,五百两交给子楚,叫他结交朋友,扩大势力;五百两买了许多奇珍异宝,自己带着到秦国替子楚活动。他先求见华阳夫人的姐姐,买通了她,托她把这宗礼品奉献给华阳夫人,说那是子楚从赵国托他带来的。吕不韦称赞子楚是个大贤人,说子楚把华阳夫人当作自己的亲生母亲(子楚的生母是夏姬),日日夜夜都在想念着安国君和华阳夫人。祝愿他们健康长寿。

华阳夫人是个喜欢别人奉承的女人,收到礼品高兴极了。她姐姐见此情景,就按照吕不韦的意思,乘机替子楚说情,她说:"妹妹现在年轻美貌,受到安国君的宠爱,但是你可曾想到将来老了怎么办?你既然没有生儿育女的希望,我看倒不如趁机早认一个儿子,确定为安国君的继承人。子楚这样贤明,对你和安国君这样孝顺,你何不把他认到你名下,立为太子,

将来他对你感恩图报,你这一辈子就有享不尽的荣华富贵了。"

华阳夫人一听很有道理,就找个机会对安国君说:"我得到您的宠爱,但是不幸没有儿子。子楚贤明,我想认他为儿子,并且希望您能把他确定为继承人,我将来老了就能有个依靠。"安国君对华阳夫人一向言听计从,如今听她这样一说,当然满口答应,还叫人用玉石刻了一个牌子,交给子楚,作为凭证。安国君和华阳夫人还给子楚送去许多衣服和食物,并聘请吕不韦做子楚的老师。

吕不韦帮助子楚取得了太子的地位,满心欢喜地回到邯郸,把子楚请到家里,饮酒庆祝。酒席上,吕不韦让自己最宠爱的一个美女出来劝酒,她长得特别漂亮,被子楚看中。子楚要求吕不韦把这个美女送给他。吕不韦一听,先是假装生气,后来又答应了子楚的要求,把这个美女送给了子楚。不久,这个美女生了一个儿子。因为正月生的,正和政同音。秦国的远祖姓嬴,所以就起名嬴政。这嬴政就是后来灭六国统一中原,历史上有名的秦始皇。

嬴政九岁那年,秦昭王死了,嬴政的爷爷安国君即位,安国君(孝文王)是个短命国王,在位一年就死了。嬴政的父亲子楚继承了王位,就是庄襄王。庄襄王为了感谢吕不韦对他的帮助,请吕不韦做丞相,封他为文信侯。一个当了国王,一个做了丞相,他俩的门庭终于光大了。庄襄王在位三年就死了,嬴政13岁即位做了秦国国王。嬴政接着让吕不韦做丞相,尊他为仲父，请他帮助治理秦国。

秦王嬴政即位第九年，有个叫缪毒的宦官发动叛乱，妃子想要夺取王位。嬴政得到消息后，当机立断，先下手为强，派兵一举消灭了缪毒。因为缪毒是文信侯吕不韦推荐到宫廷里来的，所以这件事也牵连到了吕不韦。当时嬴政21岁，对国家大事已经能够自己拿主意，用不着吕不韦帮助了，他正想一脚把吕不韦踢开，由自己来掌握朝政大权。因此，嬴政就借故免掉了吕不韦的职务。吕不韦搞政治投机，拥立嬴政的父亲子楚，已经封侯拜相，他想要实现更大的野心，到头来还是被嬴政击败了。

田穰苴执法如山

晋、燕两国联合起来，又一次侵犯齐国，形势十分危急。晏相国深知田穰苴精通兵法，文武全才，向齐景公推荐，建议重用。齐景公急忙召见，拜他为大将，让他率领五百辆兵车，赶快去对敌。

田穰苴心想，自己出身低微，一下子当了大将，将士们未必服气，万一打起仗来不听指挥，误了国家大事怎么办？便对景公说："蒙主公提拔，让我做了大将，统帅全国军队，我十分感激。不过，希望您能派一个您最信任的而地位又尊贵的大臣做监军。"齐景公同意了，任命自己最宠信的大臣庄贾为监军。

田穰苴和庄贾见了面，商量了一下出师的大事，分手的时候和庄贾约定："明天大军集会，请监军务必于明天中午准时到军营。"庄贾一面点头,一面拱手告别。田穰苴赶回军营,命人在营门外空场上立下了一根木杆,以便第二天观察木杆在太阳光下投的影子,来判定庄贾到军营的时间。

庄贾是齐景公的宠臣,地位显赫,平时仗着国君的权势,骄横惯了,这会儿哪里会把田穰苴放在眼里。第二天上午,庄贾的亲朋好友都来给他送行。他在府里大摆宴席,和送行的人一起开怀畅饮。庄贾喝得醉醺醺的,把中午到军营的约定忘得干干净净。等到酒席散了,太阳快要落山了,庄贾才晃晃悠悠坐车到军营去。

田穰苴早已把队伍整顿好,只等监军庄贾到来,可是正午时间已过,庄贾没来。田穰苴命人把木杆放倒,表示庄贾已经失约,然后他走进军营,向部队宣布了纪律。又过了很长时间,天快黑了,庄贾才到军营。田穰苴问他:"监军怎么这时候才来?"庄贾根本没把这当回事,笑嘻嘻地说:"朋友们来送行,大家热闹了一场,多喝了一点酒,来晚了一步。好,现在咱们就出发吧。"田穰苴严肃地说:"你知道吗?一个做将军的从接到命令那一刻起,他就应该抛开家室,一心为国,执行纪律,要不讲私情,冲锋陷阵,不顾个人安危。如今大敌当前,百姓惊慌失措,国君寝食不安,国家安危全担在我们肩上,你怎么能大摆宴席,让人送行,以致耽误了时间?"庄贾见田穰苴十分认真,心里很不高兴,正要发作,只听田穰苴喊道:"军法官在哪里?"军法官赶快走过来,田穰苴问:"过时不到，按军法该当何罪？"军法官说："当斩！"庄贾一听斩字，吓了一跳，赶紧叫手下人跑去向齐景公求救。可是还没等求救的人回来，田穰苴已下令把庄贾斩了。三军将士大为震动。

齐景公听说田穰苴要处死庄贾，急忙派使者拿着符节去赦免庄贾，使者认为自己是奉了国君的命令，驾着车飞也似的冲进了军营，高喊："刀下留下，国君赦免了庄贾监军！"田穰苴喝住使者，说："将在军，君命有所不受。"随后又问军法官："对闯进军营的人，应当怎样处治？"军法官说："当斩！"使者听说斩字，顿时面无血色，哆哆嗦嗦直磕头求饶。田穰苴说："国君派来的使者是不能杀的；但军法如山，不能不执行。"说着他下令斩了使者的随从，砍了使者所坐车厢外的立木，杀了左边驾车的那匹马，以代替使者受刑。随后把这件事通告三军，并让使者向景公回报。处理完毕，田穰苴下令全军将士，随时准备出发。

离出发还有几天的时间，田穰苴到各个军营巡视。到伙房查看士兵的饭食做得好不好，晚上到各营帐查看士兵睡得安稳不安稳。他给有病的士兵端汤喂药，他把身体弱的士兵挑出来，叫他们离营休息。过了三天，田穰苴下命令：全军立刻开赴前线，打败敌军，收复失地。全军将士看到田穰苴不畏权贵，执法如山；又看到田穰苴对士卒爱护备至，体贴入微，和大家同甘共苦，都深受感动。全军上下一心，争着杀敌立功，誓死报国，连那些生病的士兵都请求上前线打仗，不甘心呆在后面。

齐军的这些情况很快传了出去，晋、燕两国军队的统帅听说，不敢和齐军交战，急忙撤兵。齐军奋勇追击，没多久，便把几年来失去的土地全部收复了。田穰苴率领齐国军队凯旋而归。

齐景公非常高兴，亲自带领满朝文武百官到郊外，迎接田穰苴慰劳三军。随后，正式任命田穰苴为掌握全国军权的大司马。

冯谖收贷

冯谖是孟尝君的门客。孟尝君姓田名文，是田婴的儿子。田婴做齐国的相国十一年。齐湣王为答谢田婴的功劳，把薛城赏给田婴做封地，号称靖国君。田婴拼命榨取劳动人民的血汗，搜刮大量财富，家里金银财宝不计其数，生活异常奢侈豪华，同国君不差上下，但门客不多。田文曾劝其父，说："齐国的地盘没有扩大，我们家里的家私却不断增加。这会引起别人的嫉妒，万一出了事，连个帮手都没有，可危险哪！"孟尝君很懂得，收养大量门客，获得很多人的拥护和支持，这对于取得名望，巩固自己的地位是很必要的。于是他到处搜罗人才，不论贵贱，只要有一技之长，均以客相待。这样，他爱慕贤人的名声慢慢传开了。别的国家的一些豪杰之士，甚至一些逃跑的犯人也来投奔他，把他当成知己。忠心不二，为他办事。

冯骥家里很穷。当他来投奔孟尝君时,孟尝君看他那副打扮,一身破衣裳,腰里系着一把剑,连剑鞘也没有,知道是个穷苦人,就问他:"先生找我有何见教?"冯骥说:"家里穷得活不下去,我到您这里找口饭吃。""你有什么本事呢?""我什么本事也没有。"孟尝君笑了起来,说:"那你就先住下来吧。"孟尝君手下的人看冯骥这么穷,又没什么本事,都看不起他,把他安排到下等房间住,天天给粗饭吃。没过几天,孟尝君问起:"冯骥在干什么?"回答说:"他呀,天天弹那把剑,边弹边唱:'剑呀咱们回去吧,这儿吃饭没鱼虾'。"孟尝君觉得这话传出去,自己没脸面,就让人把冯骥搬到中等房间里住,给他鱼虾吃。没过多少日子,冯骥又唱了:"剑呀,咱们回去吧,这里没车马。"有人把这话报告了孟尝君,孟尝君吩咐再给他一套车马。谁知没过多久,有人又来向孟尝君反映说:"冯骥天天唱哩,剑呀,咱们回去吧,这里没钱不能养活家。"孟尝君很生气,心想,这个穷鬼怎么这样不知足呢。不过,为了笼络人心,他还是派人给冯骥的老母送钱用。冯骥才不弹不唱了。

过了一年光景,孟尝君名气愈来愈大,当上了齐国的相国。这时,他的门客已有三千多人。养活这一帮人得多少钱啊!尽管他收入不少,也深感力不从心,他想来想去,想到在薛城还放了一大笔高利贷,已经一年多没收上利息来了,决定

冯谖收贷

派人去收。这收高利贷可是个费力不讨好的差事，还得懂一套会计业务，没人愿意去收，倒叫孟尝君犯了难。有人推荐冯谖，说："这家伙身材高大，很会说话，别的本事没有，收贷也许能行。"孟尝君把冯谖找来，对他说："我平时太忙，对先生照顾不够，请原谅。现在请您到薛城去一趟，替我收债，不知道您愿不愿意去？"冯谖很爽快地答应："行，我去。"于是准备车马，收拾行装，带着债券，就出发了。临走时，他问孟尝君："债收完以后，要买点什么回来吗？"孟尝君说："您看我家缺什么就买什么吧。"冯谖到了薛城，那些富裕户还了利钱，那些还不起债的穷人家早已躲得无影无踪了。冯谖用收上来的利钱买了几头大肥牛，和十几坛酒，办了几十桌酒席，邀请所有的债户来喝酒，并通知说，不管还得起还不起的都要来，还不起不要紧，来核对一下债券就行了。聚会那天，债户们都来了，冯谖热情地招待他们。喝过酒，冯谖同债户们一一核对了债券，问明了情况。凡是当时给清利钱的，就收下他们的钱。一时没钱的，就约订好还款计划，到时归还。穷得实在还不起的，就干脆把他们手中的债券收回来，当着大家的面，一把火焚之。债户们看了又惊又喜，不知是怎么回事。这时，冯谖站起来说："咱们孟尝君借钱给你们，是看大家没本钱务农经商，难以度日；本来他是不想收利钱的，可是他手下有一帮门客要养活，所以叫我来收利钱。如今核对了债券，能还的都还清了，暂时不能还的，都约定了归还日期，请务必按期交付，实在还不起利钱的，孟尝君说，连本带息都奉送了，所以，我把这些债券都烧了。这都是孟尝君的恩典，大伙可别忘了啊！"一番话，说得大家欢呼起来，都万分感激孟尝君的恩德。

孟尝君听说冯驩烧债券的事，不由得火冒三丈，立刻派人把冯驩叫回来，气呼呼地责备他说："好哇，我要你去收利息，你收了钱，就杀牛买酒大摆宴席，还把债券给烧了，你搞得是什么名堂啊！"冯驩不慌不忙地说："丞相，您别急！请您想一想，不办酒席怎么能把债户全都找来呢？债户不来，怎么知道谁还得起利钱，谁又还不起利钱呢？现在，还得起的已经定好了期限，到期准还。还不起的，就是再过十年八年，他还是还不起。逼急了，他索性跑到别的地方去了，那些债券还有什么用呢？您要是硬逼着他们要，得钱不多，倒落下个不好的名声，这划得来吗？我把这些没有用的债券烧了，使薛城老百姓对您感恩戴德，到处颂扬您的美名，这不是大好事情吗？我临走的时候，您嘱咐我拣您家缺少的东西带回来。我看您这儿金银财宝，山珍海味，什么都不缺，唯独缺少对穷苦人的情义。所以我就把这情义给您买回来了。"孟尝君听了真是哑巴吃黄连——有苦说不出，只好说："算了，先生回去休息吧"，从此，对冯驩又冷淡了。

后来齐湣王听信秦楚两国制造的谣言，怕孟尝君功高欺主，构成对自己的威胁，就免去了他的相国职务。那些门客一看主人失了势，纷纷离去，只有冯骥一心一意地跟着他。孟尝君只得垂头丧气地回自己的封地薛城去闲居。他还没进城，老远就看见人们扶老携幼，夹道欢迎他，不由得掉下泪来，对冯骥说："先生给我买的情义，今天我算亲身感受到了。"

人要居安思危啊。

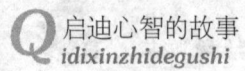

张释之执法

周勃联合大臣和将军，粉碎了诸吕的篡权阴谋，安定了刘姓的天下，扶代王刘恒正式即位称帝。刘恒是历史上有名的汉文帝。刘恒称帝后，实行了一系列重大政策改革，最受人欢迎的是减轻刑罚。他废除了一人犯法父母妻儿同坐的法律，废除了肉刑，规定了罚钱赎罪的法律。

罚钱赎罪这一条法律规定下来，那时张释之在朝里做廷尉之职。廷尉张释之严格执行这一法律，连冲撞皇帝圣驾这样的重大事件，也可以用罚钱来赎罪。有一次，文帝刘恒坐着马车外出巡视，卫兵甚多，浩浩荡荡一支队伍。当马车行经中渭桥的时候，突然有一大汉从桥下跑出来，吓惊了拉车的马，差一点把文帝刘恒从车里摔出来。当即护驾卫兵就把这一大汉拿下，送到廷尉张释之那里治罪。张释之仔细地审问了那大汉，问他为什么冲撞皇上圣驾?那大汉回答说:"我刚刚从乡下来到城里,听说皇帝出巡,街上戒严,我很害怕,就躲在桥下。我躲了很久,以为皇帝的圣驾已经走过去了,我就从桥下钻了出来,谁知道一出来就正好碰上皇帝圣驾,我怕卫兵捉住杀头,所以就想赶快逃跑,哪知道我这一跑,把马给吓惊了。"张释之听后,认为这个乡下人说的是大老实话,虽然他冲撞了皇帝圣驾,犯了大罪,但他毕竟不是有意的,所以就判他罚钱赎罪。

文帝刘恒对这个判决很不满意,他生气地说:"这个人惊了我的马,幸亏武士们拼命向前钳制住了这匹马,不然的话,这匹马奔跑起来,把我从车上摔下来,我的命不就完了吗?像这样严重的罪行,你这个管法律的廷尉只判他罚钱赎罪,这不是太轻太便宜了他吗?!"张释之不慌不忙从从容容地说:"陛下订的法律是治理天下的,法律有这样的规定,就应当照着去执行。故意加重治罪,就使法律在百姓中失去了信用。陛下既然把这个案件交给我处理,我就要处理得公平,不能因为陛下受惊吓,就把案子判重。罪行有轻有重,轻罪重判,怎么能叫老百姓服气呢?希望陛下平心静气地想想吧。"文帝刘恒听了张释之的辩解,想了很久,说:"廷尉说得对。乡下人胆子小。罚他一些钱,把他放了吧!"

民之畏法不在重,而在执法公平,张释之不畏权势,公平执法,堪为后人学习之楷模。

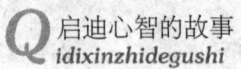

犟脖子县令

光武帝刘秀在鄗城称帝不久，又定都于洛阳。光武帝刘秀的姐姐湖阳公主是一个出名的豪强地主，她在京城洛阳郊区有占地广大的田庄，在洛阳城里拥有豪华的住宅，家里的奴婢一千多人。她的佣人、管家横行霸道，欺压百姓。有一次湖阳公主的管家在大白天杀了人，触犯了刑律，住在湖阳公主家里，靠着湖阳公主的庇护，逍遥法外。当时，董宣正在洛阳担任县令。董宣知道这一案件后，很是气愤，决心要把杀人犯抓来，依法治罪。

等着等着，机会终于来了。有一天，湖阳公主因事外出。那个杀人管家认为风头已过，也跟随一起外出。董宣听到这个消息后，赶快带领县衙门的人马，守候在湖阳公主必经的夏门亭。当湖阳公主的车马前呼后拥走到夏门亭时，董宣突然往路当中一站,挡住了去路。董宣用刀一指,大声对公主说:"禀告公主,您的管家横行不法杀了人,应当判处死罪,请您把杀人犯交出来!"

湖阳公主见董宣拦住自己的车马,要她交出管家,觉得自家在众人面前丢了面子,很不高兴。公主把脸一沉,斥责董宣说:"董宣,你身为县令,不要随便乱说。我的管家怎么会杀人?你有凭据吗?"

董宣说:"我当然有凭有据,您的管家杀人的时候,有许多人在场。您要不相信,我可以找人来作证。"

公主一看情况不妙,赶快改变口气说:"董宣,你要知道,我的管家是我最信得过的人,就算他真的杀了人,你看在我的面子上,就饶过了他吧!"

董宣看到湖阳公主居然藐视法律,想要庇护杀人凶手,就板起面孔大声对公主说:"公主!您家法不严,管家才胡作非为。他既然犯了法就应当治罪,您不应该为他求情。难道公主家的管家就可以不遵守皇家的法律了吗?"湖阳公主被董宣这一责问,一句话也说不出来了。那个杀人犯一见情况不妙,就要逃跑,可是董宣早已认出他来了,命令手下人一把把他拉出来,当场斩首。

湖阳公主见到一个小小的县令居然敢顶撞冒犯她,当着众人的面把她的管家杀了,心里非常气恼。公主赶快回到皇宫里去,找到光武帝刘秀诉说自己的委屈,要求刘秀为她做主。光武帝刘秀一听董宣对姐姐这样无礼，很生气，当即下令要把董宣抓来用乱棍打死。

董宣听说皇上要打死他，不慌不忙从容地说："皇上要打死我，我当然不敢违抗。不过，请您允许我在临死之前说几句话。"光武帝问："你想说什么？"董宣说："陛下英明，所以才复兴了汉朝。如今公主的管家杀了人，公主置皇上的法律于不顾，想要庇护杀人凶手，我无非是公正地执行了法律，却要断送性命。陛下自己订的法律，自己破坏，这怎么能把国家治理好呢？我看您不必打，我自己在这里撞死好了。"说完，董宣就用头去撞宫殿的柱子，头破血流。光武帝叫太监把董宣拉住。他仔细一考虑，觉得董宣说的话很有道理，但为了照顾姐姐的面子，想叫董宣给姐姐赔个罪，把事情了结。光武帝便对董宣说："你按照法律办事，是有道理的，但是你冒犯了公主，使公主受了惊吓，你现在给公主磕个头，赔个不是，我就饶过你。"董宣听说给公主磕头赔罪，很不服气，说什么也不答应。光武帝叫人把董宣拉到湖阳公主面前，按着他的脑袋叫他跪下磕头。董宣一屁股坐在地上，用两手撑着地，挺着腰强直着脖子，死也不肯低头。

湖阳公主看到董宣的强硬态度，觉得自己实在有些下不了台，她对光武帝说："早先陛下在乡下的时候，专门庇护那些亡命之徒，当官的都不敢到咱家来搜查。如今，陛下贵为天子，难道连一个小小县令也治不了吗？"光武帝苦笑着说：

"天子和老百姓不同。董宣是个犟脖子县令，我不能处治他，你再找一个人做管家吧。"说完，便下令把董宣放了，还赐董宣一顿酒饭。董宣把酒饭吃个精光，吃完，把杯盘全底朝天扣在桌子上。管事的人见状，认为董宣有意侮辱皇上，又扭送光武帝面前，光武帝听说以后，责问董宣说："董宣你这一次还有什么话说？"董宣说："皇上赐给我酒饭，我不敢剩下一点儿，皇上叫我办事，我要拿出全部力气，这就是我把酒饭吃个精光，并且把杯盘翻过来扣在桌子上的意思。"光武帝听了，点点头说："这样很好！"光武帝下令赏赐董宣三十万文钱。董宣把这笔钱全部分给了他手下的人。从此，犟脖子县令"董宣"的名气到处传开了。

董宣不畏权贵，维护法律的尊严，秉公执法，违法必究的精神，在那个时候，更是难能可贵。

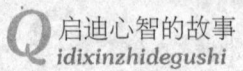

刘邦戏县令

刘邦任泗上亭长时,秦始皇委派来的沛县县令上任后,首先办了三件事:"第一件事,县令上任后的第一天晚上,就去了县城内的烟花巷(妓院);第二件事,所有下属官吏一律要给他送礼、祝贺;第三件事,便是宴请沛县名流。"

在宴请名流的时候,很多人向新县令建议,宴请的名流中要有刘邦参加。可是新县令到任后,首先听到的是刘邦懒、馋,是好吃懒做的无赖。而且常常吃了喝了人家酒菜不给钱,根本算不上什么名流,只不过是一个"酒徒"、"色鬼"、"地痞"而已。对他的印象十分不好,所以新县令上台时没有宴请他。此后,刘邦非常恼火,他觉得这不单是赴宴问题,而是新县令没有看起他。非但如此,还败坏本人名誉,实乃欺人太甚,可气、可恼!

正当刘邦气愤不过的时候,于是施计,便邀来了好友樊哙、周勃三人在县衙门前厮打起来,边打边骂,吵得人不得安宁,引来了许多围观者。

这件事,县衙役禀报了内堂新县令大人,新县令随即带领下属官员、衙役前来制止。新县令站在县衙门外高台阶上,板起脸孔,气呼呼地高声吆喝道:"住手!"刘邦、樊哙、周勃闻声停住打闹,新县令接着气冲冲地不容分辩地斥责道:"刘邦、樊哙、周勃你们三人因何事胆敢跑到老爷衙前厮打聚众?无法无天,成何体统?"刘邦上前轻轻施了一个礼说:"禀报县令大人,事有因由,您不知晓,这个卖狗肉的樊哙见了我出口伤人,说我到沛县当了个芝麻大的官儿,第一天夜晚就进了烟花巷,还说我手长、嘴馋,吃了人家的东西不给钱,还给人家索要礼物,你说气人不气人?"

还没等县令开言定分晓,周勃也跑上来了,抢着说:"禀,告县太爷,小人在沛县城内以卖席为业,泗上亭长刘邦,藉自己权势欺压人,一上任就要我给他送礼品,送少了还不行,逢年过节就更不用说了。我因家底穷,没钱送礼,他便赶我走开,不让我摆摊。这件事,你说恼人不恼人?"

这时,耐不住性子的老屠夫樊哙,也粗声粗气地一步跨到县太爷跟前,鲁莽汉子,一拍胸脯说:"县令大老爷,小人和卖席子的周勃大哥,一向不分彼此,那一天,他设宴席请县城内的名流好友赴宴,唯独不请我,把我甩开,您评评这个理,这算什么人？我，我恨不得扒他的皮，抽他的筋！"

县令听了刘邦、周勃、樊哙三人的话，话里有话，好像他们说出来的每句话里都夹带着骨头渣，长着刺，话里话外县令听了很不舒服。显然，表面上是他们斗殴，互相厮打、谩骂，其实际是在指桑骂槐，暗伤本县令，因而心中暗自气恼。然而，面对聚众又不好发泄私愤，或以权势施行报复。于是，仍耐着性子装模作样，若无其事的样子，表面上拿出县令的身份，一本正经地向他们训斥道："刘邦，你大小也是秦朝的一个小官吏，为何伙同两个普通百姓偏偏来到本府县衙门前打架闹事，很不像话，如不惩罚你们，平民百姓不就没王法了吗？为严纲正纪，惩除邪恶，本县令宣布特罚你们三人用剃头刀刨倒衙前这棵老槐树，权限半天！"

刘邦、周勃、樊哙三人齐应："遵命！"于是三人接过剃头刀，围着老槐树转了大半天圈儿，就是不下手刨树。

到了傍晚，县令从衙内走出来，气势汹汹地吆喝道："刘邦、周勃、樊哙你们听着，限期已到，为何还不给我动手刨倒槐树？是否要与本县令作对？"

刘邦凛然答曰："回禀县令大人，我们三人正在寻找老槐树的总根儿，刨树要刨根哟，总根不挖掉树不倒！"

县令一听又说到了他头上来了，而且越来越明显、尖刻。看来，这三个人来者不善，很难对付。此时，尽管他们的话很刺耳，但又不好再去刁难，于是，县令心中暗自盘算，对他们将计就计，只好让步。听了他们的风言风语后，忍气吞声，不再动怒发火了。

　　县令沉思了一会儿，又看了看他们，转念一想，这三个家伙实在不好惹，他们的话头和眼睛总是盯着自己不放，处处事事都在本县令身上做文章。此三人来县衙前寻衅闹事，并非等闲之辈，如此看来，恼人不如好人。接着，县令转念回头将恼脸换成笑颜，立即使出前倨后恭的伎俩——遂把刘邦、周勃、樊哙三人请进衙内大厅，摆上一桌酒席，十分客气地宴请了他们。

　　刘邦、周勃、樊哙举起酒杯哈哈大笑起来，县令尴尬中频频敬酒。

（王亚东）

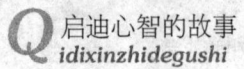

吕后为儿争太子

刘邦晚年,汉朝发生了危及吕后地位的废立太子风波。

刘盈乃吕后所生,早期被立为太子。戚夫人也生一子,名如意,甚受刘邦宠爱,10岁那年被封为赵王。刘邦南征北战时,总让刘如意伴随。太子刘盈生性仁和,刘邦说他"不类己",弱无能,多次想废立太子,另立刘如意为太子,遭到朝中大臣们的反对。群臣言道,刘盈立为太子已8年之久,如见废而立,大失人心,动摇国家根基。可是刘邦一心想另立太子,仍固执己见,再次提出废立。吕后在东厢房偷听大臣们的议论后,心中十分惊慌,四处奔走,竭力求助大臣们保住太子,力争刘邦不再坚持废立。几经人指点,让她求见留侯张良,这是一位最善谋划策,且运筹高见之人,何不求教于他。于是,吕后如梦初醒,随即遣密使其兄建成侯吕释之前去请教张良，张良说："这件事皇上主意已定，朝臣难以用口舌来说服。不过我倒想起一计，不妨一试，或许也有效应。"

"哪条计呢？军师快说。"密使望着张良的脸急切地问。

张良不慌不忙缓慢地说，皇上得天下后，有四位高士——东园公、绮里季、夏黄公、角里先生。他们避秦乱隐居商山，因四人德高望重，称为商山"四皓"，颇受皇上敬重，曾礼请他们四人出山辅佐，但他们却避而不见皇上，好谩骂侮辱儒士，谢绝出山，宁肯隐居山林，不做皇上臣子。如果太子肯放下架子能谦恭其辞，写一封诚恳的信，然后再选派能善言兜纳的一贤士携带上一份厚礼，敬请"四皓"出山，来太子府中，做太子宾客，令皇上看到，当年他不能请到的人乐意追随太子，必有助于太子声望，这对保住太子地位，定能起到积极的作用。

吕释之受了张良的指点后，返回到宫里禀报吕后，吕后听了颇感兴趣，于是依计而行，竟然真的让太子请来了"四皓"。吕后大喜，她说："上帝有意，天助我也！"

高祖十二年（公元前195年）十月，刘邦灭淮南王后旋即回朝，再次又提出废太子。在这岌岌可危之当头，吕后筹划为高祖凯旋归来举行朝宴庆贺，太子由"四皓"随从上朝祝贺，出现朝廷面前。

朝贺时，刘邦见太子身后紧紧跟随着四位须眉皓齿、宽衣扶袖持带的老者，对太子彬彬有礼地相随，而且四人又都非常尊重太子，刘邦见此情形，便惊奇地问道："我以前请你们出山，你们不肯，现在何以反而乐于追随吾儿太子？"四皓慷慨地回答道："皇上一向轻儒薄士，任意侮骂下人，我们义不受辱，所以逃去，隐居山中。如今太子宽厚待人，谦孝恭敬，礼尊儒士，天下士子都引颈愿为太子效力。所以我们亦甘为太子所用，追随辅佐，以治理天下。"

朝贺礼毕，四皓又随太子缓步离去。刘邦在殿上两眼紧紧目送着四皓，并转脸面对戚夫人，用手指给她看，"我本想废太子，但太子今有四位高士辅佐，名望日隆，羽翼已丰，如今难以更立了"。遂安慰戚夫人说："咱们都是楚国人，你跳个楚舞吧，我唱楚歌，以助你兴！"

说罢，戚夫人舒展凤衣长袖，悲悲泣泣地跳起楚舞来。刘邦附和着舞姿和节奏轻轻低吟道："鸿鹄高飞，一举千里。羽翮已就，横绝四海，当可奈何！虽有增缴，尚安所失。"

刘邦唱了一遍又一遍，音调悲切，戚夫人边舞边哭，最后竟晕倒在地上。这场废太子的斗争便从此停止，风波平息了。此举，既巩固了吕后的地位，太子尊望由此提高。同时也注定了戚夫人母子日后的悲哀命运——将被妒妇吕后俯首就擒，任意宰割了……

（王亚东）

郭嘉纵论"十胜"

郭嘉颍川阳翟（今河南禹县）人。是曹操众多谋士中最为年轻，而且谋略奇特的一位。曹操很器重他，誉为自己的"奇佐"。郭嘉也为曹操势力的发展和统一北方，作出了重要贡献。

在官渡之战前，曹操一心想伐袁绍，但又担心自己的力量敌不过，因此先后征询荀彧和郭嘉的意见。他说："袁绍拥有冀州的兵力，青、并等州也顺从了他，地广兵强。他数次向我挑衅，我欲起兵征讨，又怕力量不敌，怎么办？"郭嘉劝曹操借鉴刘邦用智，以弱胜强，打败项羽的历史经验，树立以智取胜的信心。郭嘉说："刘邦与项羽之间力量的悬殊，明公你是知道的。然而刘邦的智慧却胜过项羽，所以项羽终为刘邦所败。"

郭嘉分析了袁曹双方实力的对比情况，说："袁绍有十败，公有十胜，虽兵强，无能为也。"

这十败十胜是：

其一为"道胜"。"袁绍繁礼多仪，公体任自然"。就是说，曹操安定社会的措施，合乎于自然规律；袁绍扰乱天下，民不聊生。这就首先在"道"上取得了胜利。这是从总体上着眼对曹、袁优劣的评价和估量。

其二为"义胜"。"绍以逆动，公奉顺以率天下"。就是说，袁绍师出无名，曹操可以奉汉献帝之名以令天下，名正而言顺，这就在"义"上胜过了袁绍。

其三为"治胜"。"汉末政失于宽，绍以宽济宽，故不慑。公纠之以猛而上下知制"。就是说，汉朝末年治国的缺点是为政以宽，放纵豪强大族兼并土地，袁绍不仅没有纠正汉末弊政，反而对豪强大族更加放纵了。曹操则纠之以猛，注意抑制豪强，适时地打击其势力，这就在"治上"胜过了袁绍。

其四为"度胜"。"绍外宽内忌，用人而疑之，所任唯亲戚子弟；公外易简而内机明，用人无疑，唯才所宜，不问远近。"就是说，袁绍表面上宽宏大量，实际上气度狭小，任用了人又不信任，又不放心，而且用人唯亲；而曹操贤明通达，只要是人才，便加以重用，这就在气量上胜过了袁绍。

其五为"谋胜"。"绍多谋少决，失在后事；公策得辄行，应变无穷。"就是说，袁绍总是迟疑犹豫，常常错过时机；而曹操处理大事非常果断，善于随机应变，这就在谋略和决策方面胜过了袁绍。

其六为"德胜"。"绍因累业之资,高议揖让以收名誉,士之好言饰外者多归之;公以至以待人,推诚而行,不为虚美以俭率下。与有功者无所吝,士之忠正远见而有实者皆愿为用。"就是说,袁绍依仗门第高,沽名钓誉,跟从他的都是一些只务虚名而没有实际本领的人,而曹操以仁义和诚心待人,自己严谨俭朴,赏赐有功的人毫不吝惜,所以天下有才能并讲究实效的人都愿辅佐曹操,这就在"德"上胜过了袁绍。

其七为"仁胜"。"绍见人饥寒,恤念之形于颜色,其所不见,虑所不为也,所谓妇人之仁耳;公于目前小事,时有所忽,至于大事,与四海接,思之所加,皆过其望,虽所不见,虑之所周,无不济也。"就是说,绍放纵豪强,贪暴无比,民不堪命,却好在些许小事上假仁假义,而曹操注重发展生产,恢复经济,安定社会,惠在下民,深得民心。这就在"仁"上胜过袁绍。

其八为"明胜"。"绍大臣争权,逸言惑乱;公御下以道,浸润不行。"就是说,袁绍臣下争权夺利,听信逸言,为逸言所迷惑,而曹操用人有方,逸言不行,内部团结。这就在"明"上胜过袁绍。

其九为"文胜"。"绍是非不可知,公所是进之以礼,所不是正之以法。"就是说,袁绍是非不分;而曹操善于以礼和法治国。这就"文胜"方面胜过袁绍。

其十为"武胜"。"绍好虚势,不知兵要;公以少克众,用兵如神,军人恃之,敌人畏之"。就是说,绍不懂军机,却喜好虚张声势;而曹操善于以少克众,用兵如神,具有杰出的军事才能,令敌人畏惧。这就在军事上胜过袁绍。

郭嘉从袁、曹双方的政治、经济、政策、军事实力,人心向背以致个人的气质和才能,作了全面而深刻的分析,所得出的曹操"十胜"的结论是具有科学预见性的推断。曹操的其他谋士也曾对官渡之战前的袁、曹对峙形势做过分析和预测,也均预见曹操能胜袁绍。如荀彧预见曹操有四胜,即度胜、谋胜、武胜、德胜。可以说是智者所见略同。但都不如郭嘉的分析最为详尽,细致,深入和准确。这不是盲目的猜测,偶然的巧合,而是在详尽地了解了双方基本情况的基础上,根据事物发展的规律,进行推理,演绎,概括,分析,得出的科学结论。郭嘉精确地、科学地预见曹操"十胜",证明他不愧为一位高明的谋士。这一预见坚定了曹操伐绍的信心。

曹操虽有"十胜"的先决条件,但要实现全胜,还要依靠奇妙的谋略和卓绝的斗争,曹操于公元200年,北上官渡,同袁绍决战,用奇兵袭乌巢,终于击溃袁军主力,取得了官渡之战的历史性胜利。

(王亚东)

景帝悔杀晁错

晁错，颍川人。曾在轵县张恢先生那里学习过申不害和商鞅的刑名学说，与洛阳人宋孟和刘礼是同学。因为他通晓典籍，而被任命为太常掌故。

晁错为人严峻刚正而苛刻严酷。汉文帝时，天下没有研究《尚书》的人，只听说济南伏先生是原来秦国的博士，研究过《尚书》，年已九十多岁了，由于年纪太大不能前来，文帝于是下令太常派人前去学习。太常就派遣晁错学习《尚书》。晁错学成回来后，趁着向文帝报告利国利民的事，引解《尚书》。汉文帝听了很高兴，就下诏令任命晁错为太子舍人、门大夫、太子家令。晁错凭着他的辩才，得到了太子的宠幸，太子家称他为"智囊"。

汉文帝时，晁错多次上书奏事，几十次上书，汉文帝都没有采纳，但认为他有奇特的才能，就提升他为中大夫。当时，太子认为晁错的计策很好，但袁盎和诸位大臣却大多数都不喜欢晁错。

汉景帝即位后，任命晁错为内史。晁错多次请求皇帝单独和他谈论政事。景帝每每都听，其得宠超过九卿。此间，晁错对法令的很多地方都作了修改。丞相申屠嘉心中不满意，但又没有办法来诋毁他。内史府处在太上庙围墙里的空地上，从东门走很不方便，晁错就在南边开了两个小便门出入，因而凿开了太上庙的围墙。丞相申屠嘉听说后，非常生气，便借晁错的这次过失上奏皇上，请求诛杀晁错。晁错得此消息后，立即上奏请求单独进见皇上，说明详情。丞相申屠嘉上朝奏事，乘机禀告了晁错擅自凿开太上庙的围墙开小门的事，请求将他交给廷尉处死。皇上说："这不是太上庙的墙，而是庙外空地上的围墙，不至于触犯法令。"丞相谢罪，退朝之后，生气地对长史说："我本当先杀了他再报告皇上，却先奏请，反而被这小子给出卖了，实在是个错误。"丞相终于发病死了，晁错因此更加显贵。

晁错升迁为御史大夫后，就上书请求明察诸侯的罪过，削减他们的封地，收回各诸侯国边境的郡城。奏章呈上去后，皇上命令公卿、列侯和皇族聚集在一起议论，当时没有敢非难晁错的，只有窦婴同他争辩，从此与晁错有了隔阂。晁错修改的法令有三十章，诸侯们都吵闹着起来反对，并由此恨透了晁错,晁错的父亲听说了这件事,从颍川赶来,对儿子说:"皇上刚刚继位,你执掌朝政大权,侵害削弱诸侯的力量,疏远人家骨肉,他们纷纷议论怨恨你,为什么还要这样做呢?"

晁错对父亲说:"事情本来就应这样。如果不这样做,天子的地位就不能巩固,国家就不会得到安宁。"

晁错父亲说:"这样做了,刘家的天下安定了,而我们晁家却危险了,我要离你而去了。"于是服毒而死,死前说道:"我不忍心祸患累及自己。"

晁错的父亲死了十几天后,吴楚七国果然反叛,以诛杀晁错为名义,等到窦婴、袁盎进言陈说晁错之过,皇上就命令晁错穿上朝服,在东市将他处死。

晁错被处死后,谒者仆射邓公担任校尉,率军反击吴楚军队。返回京城后,上书军事情况,拜见了皇上。皇上问道:"你从军中来,听到晁错被处死后,吴楚退兵了没有?"

邓公说:"吴王蓄意谋反已有十几年了,他为削减封地而发怒,所以诛杀晁错。我担心天下人从此都将闭口,再也不敢进言了。"

皇上问:"为什么呢?"

邓公说:"晁错是担心诸侯强大了不能够制服,所以才请求皇上削减诸侯封地的,以此来加强京师的实力,这实在是关乎万世的大好事啊。计划刚刚实施,竟然遭到杀戮,对内堵住了忠臣的嘴,对外是为诸侯报了仇,我私下认为,陛下这样做是不可取的。"

　　这时，景帝沉默了好久，说："您说得对，我也悔恨这件事。"于是委任邓公为城阳中尉。

　　晁错通典籍、精谋略、工论辩，文帝时深受太子宠幸，文帝赏识，景帝时更是受器重，权倾九卿。但是吴楚以诛晁错为名掀起叛乱，再加上旧臣进谗，于是景帝亲自下令将晁错处死东市。

　　晁错"请治诸侯之罪过，削其地，收其支郡"，本意是尊天子，稳庙堂，固社稷，一心为国，孰料竟落得如此下场。待邓公一语，景帝醒悟，已悔之晚矣！

（王亚东）

隆中对策

诸葛亮琅琊阳都人（今山东沂南县南），三国时期著名的政治家和军事家。他辅佐刘备、刘禅父子，为兴复汉室，成就霸业，可谓鞠躬尽瘁，死而后已。他那运筹帷幄的风采，宁静淡泊的气度，谦虚务实的作风，矢志不悔的献身精神，折而不挠的意志，体现了中华民族的优秀传统精神和品格。可以说他是中华民族智慧的化身。隆中对策就是他提出来的。

东汉末年，外戚、宦官把持朝政，统治集团内部相互倾轧，各级官吏肆意兼并土地，搜刮无度，社会矛盾日益激化。公元184年，爆发了波澜壮阔的黄巾大起义。东汉大厦将倾，各地豪杰并起，拥地称雄，征战连年不已。其中，董卓、袁术、袁绍、吕布之流先后灭亡。曹操、刘备、孙权等地方势力日益壮大。

刘备自起兵征战20余年，屡遭挫败。公元201年被曹操所破，投奔荆州访贤求士。名士司马徽向他推举了当时人称之为"卧龙"的诸葛亮。诸葛亮父母早丧，他和弟弟诸葛均跟随叔父诸葛玄。诸葛亮少年就有逸群之才，叔父去世时，他虽然只有17岁，却能够带着弟弟毅然离开襄阳，结庐于南阳郡邓县隆中，躬耕垄亩，隐居苦读，静观天下之变。当时烽烟连绵，战火四起，唯有荆州幽雅宁静，未有战乱，并且人才荟萃，除本地才俊之士以外，还有从中原避乱而来的俊杰。诸葛亮避居隆中，在寻师求学中结识了许多青年志士。他和石广之、徐元直、孟公威等曾一起游学。三人务于精熟，而孔明独观其大略，不囿于章句的理解，而是从大局着眼，并善于抓住实质精神。他最喜欢读《韩非子》等以法治国的书籍。他常对这三人说："聊三人仕进至刺史郡守也。"三人间他何以有此说法，他笑而不言。诸葛亮自比管仲、乐毅。由此可窥其志向之高远。老子曰："知人者智，自知者明。"诸葛亮可谓既"智"又"明"。刘备接纳司马徽的荐举，遂戒斋熏沐，三次亲往诸葛亮家拜谒。诸葛亮感其倾心请教，为刘备精辟地分析了天下形势，制订了立国方略。首先诸葛亮借曹操打败袁绍，转弱为强之例，委婉地指出刘备戎马二十年，仍寄人篱下的原因，说明称霸天下"外非天时，抑也人谋"的道理，然后提出了兴复汉室的五点战略方针：

一、曹操拥兵百万，雄踞北方，取得了"挟天子以令诸侯"的有利地位，暂时不可与之较量。孙权承继了父兄在江东的基业，"国险而民附"，"贤能为之所用"，只能与东吴联盟结好，共同抗拒实力强大的曹操。

二、取代在军事上比较软弱的刘表、刘璋的地位，夺取军事重镇荆州和天府之土益州，以这两处为根据地，延揽天下英雄，鼎立一方。

三、占据荆州、益州后，集益州之殷富，凭天府之险阻与荆州之通途，改革政治，发展生产，奖励农耕，积蓄经济实力，南抚夷越，稳定后方。

四、待荆、益两州政权巩固，国富兵强，一旦天下有变，则兵分两路，成钳形攻势，夹击中原，北伐曹操，恢复汉室。

五、击溃曹操以后，江东必然势单力孤，就会自然归顺，刘备就可完成一统天下的霸业。

诸葛亮一席弘阔之论，涉及政治、军事、经济、地理、外交诸方面，概括了汉末形势，预示出政局发展的前景，分析精辟，见解独到，后来的历史发展证实了隆中对策的正确。"隆中对"体现了诸葛亮的远见卓识和超凡的政治韬略，明代思想家李贽称赞说："草庐数言，皆如左卷"。

诸葛亮为刘备的诚挚所感动，愿意出山，跟随刘备创建大业，实现安国济民之志。刘备得到诸葛亮，如鱼得水，两人感情日益亲密，使汉末的政治风云更开始了崭新的一页。

（王亚东）

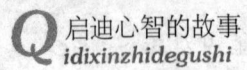

萧何月夜追韩信

韩信虽然家中贫穷,但是他才智出众。项梁起兵反秦时,韩信带着仅有的一把宝剑去投奔,在项梁手下当了一名小兵。项梁战死以后,又跟着项羽做了郎中的小官。项羽虽然勇猛,但是不会用人。韩信曾多次给项羽献计献策,项羽都没采用。韩信一气之下,离开项羽投奔刘邦门下。刘邦也没发现韩信是个人才,只是叫他做了一个治粟都尉的官,负责经办粮草一类的事。

最早跟着刘邦起兵的萧何,却是个善于识别人才的人。他曾经找韩信谈过几次话,发现韩信是一个了不起的人才。正准备找机会向刘邦推荐。可是没等萧何推荐,韩信却以为刘邦不肯重用他,就在一个晚上,背着宝剑,偷偷地逃走了。

萧何听说韩信逃走了,很是惋惜。他来不及向刘邦说一声,就骑上一匹快马,乘着月色,亲自去追韩信。

韩信匆匆忙忙逃走,道路又不熟,又找不到人问路,正在山谷中徘徊。他借着月色,远远地看到一人骑着快马追来,吓得他赶快没命地向前奔跑。萧何看清在前面那个使劲奔跑的人,正是自己要追赶的韩信,就大声喊:"韩壮士!请停一停!韩壮士!请停一停!"韩信听出来是萧何的声音,他知道萧何很赏识自己的才能,就停了下来。萧何赶快下马,拉着韩信的手,急急地说:"韩壮士,你不能走!汉王是重视人才的,只要我向汉王一说,他准会重用你。请您不要性急,稍等几天。"

韩信见萧何真心想推荐他,就放弃了逃走的打算,跟着萧何回来了。

当萧何追韩信的时候,有些人一传两传,传错了,说萧何也开了小差。这一下可急坏了刘邦,他像失去了左右手一样,急得饭也吃不下去了。过了两天,萧何回来了,刘邦责问他:"你干什么去了?为什么不告诉我一声?"萧何回答说:"我追逃走的人去了。"刘邦问:"你去追谁?"萧何说:"我去追韩信。"刘邦满不在乎地说:"逃亡的将士很多,为什么别人你不去追,只去追韩信?他不就是那个钻裤裆的小子吗?"萧何说:"大丈夫能屈能伸,大王不可小瞧他。别的将士容易得到,像韩信这样的人找不到第二个。大王如果只想在汉中做王,韩信的确用处不大。如果想要争夺天下,像韩信这样的人才万万不能缺少。"刘邦叹一口气说："唉！我当然要争夺天下！我怎么能在穷乡僻壤等一辈子呢？"萧何说："大王既然想打天下，那就当重用韩信。您能重用他，他就会留在这里。您不用他，他早晚会走的。"刘邦说："照您这样说，我就用他做将军。"萧何说："像韩信这样的人才做个将军太屈才了。"刘邦说："我拜他为大将好不好？"萧何说："那太好了。"

于是，刘邦打发人去把韩信叫来说要拜他为大将。萧何听了赶紧制止说："大王平日对人不讲礼数，今日拜大将可不能像平日那样，随随便便把人叫来。您如果要真心实意拜韩信为大将，您就应当选定一个好日子，吃素三天，然后筑坛拜将。这样才显出你爱护人才的诚意。"刘邦认为萧何说得有理，就真的照着实行，举行了一个十分隆重的仪式，拜韩信为大将。

韩信被拜为大将之后，充分施展了自己的才能，帮助刘邦打败了项羽，夺取了天下，建立了汉朝。

张良在鸿门宴上显身手

"鸿门宴",是中国历史上一段脍炙人口的斗智斗勇的佳话。张良运筹策、佐高祖、平天下,与萧何、韩信一起共为汉初"三杰",是名扬千古的良辅。在这次生死攸关的斗争中,张良以其大智大勇,既巧妙地帮助刘邦安全脱离虎口,又使项羽内部埋下了君臣相隙的祸根,充分显示了张良临机应变,妙计泉涌的策略家的惊人智慧。

秦亡之后,天下权利如何分配?必然引起几支反秦义军的争端。尤其实力强大的刘邦和项羽。当初楚怀王曾对二人有约"先入关中者,王之",并在划分路线时,有意偏袒刘邦,让其取易走之南路,而使项羽独当其难,取北路。

后来,果然刘邦先入关,但其军功远不及项羽:巨鹿之战后,项羽军威大振,用兵40万(号称百万),而刘邦只拥兵

10万（号称20万），相形之下，实力悬殊；论将才，项羽拔山举鼎，叱咤风云，威武难挡；其麾下能人勇士云集，如骁勇善战的英布，智谋超群的范增、陈平等等；而刘邦虽然宽宏大度，知人善任，但在敌强我弱之际，刘邦又误用下策，派兵扼守入关要塞，因而更使刘、项矛盾趋于表面化、白热化。

汉元年十一月，刘邦部下曹无伤密告项羽："沛公欲王关中"。项羽兵至函谷关，见刘邦守军，甚怒，遂命英布强攻取之，并接连拿下新丰、鸿门，欲与刘邦决一死战。

项羽的叔父项伯曾杀人，随张良隐匿，二人甚有交情。项伯不忍张良死于兵刃，遂单骑驰入汉营，私见张良，劝其速离。但张良表示：沛公有难，离去不义，并将这一紧急情况告知刘邦，刘邦大吃一惊，忙问对策。张良说："大王估计自己抵挡住项王的进攻吗？"刘邦沉思良久，表示不能。于是张良向刘邦进献一个能屈能伸，变进为退的策略。他让刘邦邀见项伯，并结义联姻，表白自己不敢称王的心迹，恳请项伯代向项王"澄清误会"。

这个建议对于处于劣势中的刘邦保存实力，防止强大的项羽突然袭击有着重大意义。作为谋略家的张良能够知己知彼，审时度势，并在危机中策划有方，层次井然，确非常人可比。项伯是项羽的叔父，也是项氏集团中的核心人物。在刘邦、张良的拉拢下，他果然答应劝阻项羽，并提议刘邦面谢楚王。

项伯回营后，面陈项羽，百般疏通，极力主张应善待沛公,使原已剑拔弩张的局势有所缓解。但项羽虽表面答应,暗中却与范增策划酒宴上刺杀刘邦的阴谋。于是,一场刀光剑影的鸿门斗智开场了。

刘邦赴宴如同虎口做客,去之危险,不去又不行,前后为难。张良知己知彼,精辟地向刘邦分析了项羽其人,决心展开一场心理战,谨慎而灵活地保护沛公安全。

翌日,刘邦只带文臣张良、武将樊哙及百余从骑来到楚营。一见面,刘邦、张良二人便千方百计委婉地从道义上压倒对方。刘邦策略地回顾了楚汉联盟的历史,有理有节地表明入关无非分之想,倒是项王有违约之嫌;进而,刘邦又以退为进,揭露小人进谗,造成彼此误会,话中带刺,软中有硬,使项羽理屈词穷,无言以对,只好露出底蕴,把曹无伤抛出来做替罪羊。这样,刘、项交锋的第一回合刘邦便占据了主动。

酒宴上,范增屡次以目示意,又再三举起玉佩,暗示项羽速杀刘邦。但项羽犹豫不决,不愿贸然行事,只是默然不应。计谋多端的范增只好从帐外召来勇士项庄,以舞剑助兴为名,伺机击杀刘邦。项伯看出,拔剑对舞,用身体遮掩,使项庄难以下手。由于事前争取了项伯,使第二回合又化险为夷。

燃眉之际,张良托词步出帐外,命樊哙速去保驾。樊哙入大帐,拥盾仗剑,二目直盯项羽,怒发冲冠,大有一夫勇挡万夫之势。项羽骇然,只好以酒相慰。樊哙立而饮之,再劝再饮,并借酒发挥,面斥项羽:"当年秦王有虎狼之心,肆意刑杀吏民，致使天下皆叛，怀王与诸将曾立约为：'先入关者王之。'如今沛公先入咸阳，财宝不取，封闭宫室，还军灞上，以待大王到来，所以派军守关，只是戒备不测。如此劳苦功高，不但未受任何封赏，您反听信流言蜚语，欲杀有功之人，这不是走亡秦的老路吗？"樊哙义正词严，大义凛然，使项羽瞠目结舌，无言以对，从心理上输给了对方。

樊哙以武将身份，正好扮演了如此粗犷的角色，把别人不好说的话讲了出来，命中项羽的要害。这三个回合的斗智，文臣武将默契配合，转守为攻，改变了刘邦的劣势，掌握了斗争的主动权。

接着，刘邦以入厕为借口，留下车骑，在樊哙等四将的护卫下，轻骑简从，经骊山，过芷阳，抄近路，秘密返回灞上。而身陷龙潭虎穴的张良估计刘邦已回到军中，才重返帐内，辞谢道："沛公因不胜酒力已醉，不能亲自辞谢大王。现备下白璧玉斗各一双，献给大王和范将军。"项羽忙问刘邦哪里去了？张良回答："已还军中。"项羽无可奈何，只好收下宝物，不了了之。范增气得把玉佩摔在地上，拔剑击得粉碎，愤怒地说："夺项王天下的人，一定是沛公！"

在张良的谋划下，刘、项这场惊心动魄的斗争，终以项羽、范增枉费心机，功败垂成而告结束。

曹操割发代首

曹操身为大政治家、军事家,他懂得:面对全国乱哄哄的局面,想要消灭各地的豪强军阀,统一天下,必须实行两项政策。一要"挟天子以令诸侯";二要注意耕种,开垦荒地,积蓄军粮。于公元196年9月,曹操在洛阳找到了落难的汉献帝,并劝说献帝迁都许昌,改年号为建安元年。曹操自封为大将军。此时,开始"挟天子以令诸侯",用皇帝的名义向各地豪强军阀发号施令,掌握了政治上的主动权。

接着,曹操开始着手解决粮食问题。他对大家说:"自古以来,安定国家的办法,就是要有强大的军队,充足的粮食。秦国任用商鞅,提倡耕战,富国强兵,使秦国统一了天下;汉武帝实行屯田守边,加强了国防力量,平定了西域各地。这些都是前人给我们留下的好经验。"大家同意曹操的看法,思想比较统一。曹操即颁布了"屯田令",任命枣祗为屯田都尉,任峻为典农中郎将,募民屯田。各地军队也大量开垦荒地,实行军屯。

曹操严令士兵在平时或练兵时,要保护庄稼,不准踏坏禾苗,要是有人违犯,就要依军法治罪。有一次,曹操带兵出征,队伍正迅速向前行进,突然扑啦啦从麦田里飞出一只斑鸠,从曹操骑的马头上掠过。战马受惊,嘶叫着窜进了麦田。等曹操用力勒庄缰绳停下来,可是已经踩坏了一大片麦子。曹操赶紧下马,对管理法令的文书主簿说:"我的马踩坏了麦子,违犯禁令,请按军法议罪。"主簿说:"将军是一军的主帅,怎么能议罪?"曹操接着说:"我制定的法令,我自己违犯,怎么能服众?"主簿又说:"法令是对一般将士的。按照《春秋》定的规矩,对尊贵的人是不能施加刑罚的。将军是一军的主帅,何况战马受惊,闯入麦田,是出于意外,不是存心违法,我看就不必议罪了。"曹操听后,沉思了一会,说道:"既然主簿不敢议罪,我就自己执行法令吧!"说罢,脱下帽子,用剑把自己的头发割下一绺来,丢在地上说道:"姑且用割发来代替砍头。"古代人认为身体、发肤,受之父母,是不能随便毁损的,所以割头发也是一种刑罚。曹操割发代首的事,马上在全军上下传开了。全军上下无不悚然,个个遵守军令,不敢违犯。

曹操重视农业,实行屯田政策,奖励耕作,保护庄稼,农

业得到发展,解决了军粮问题,为打败群雄,统一全国奠定了比较雄厚的经济基础。

曹操割发代首的故事给人以教育:其身正,有令则行。其身不正,有令不行。

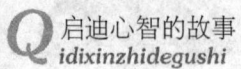

曹操棒杀蹇叔

曹操任洛阳北都尉，负责洛阳北部的治安工作。洛阳虽说是京都，可是外戚、宦官倚仗权势，为非作歹，把整个洛阳城闹得乌烟瘴气。曹操决心整顿好京都的秩序。他一到任，就颁布了一道"夜禁令"，禁止夜里酗酒游逛。每天夜里派出士兵在城北一带巡查，有时自己跟着巡查。他先叫工匠赶造了二十多根用五种颜色油漆的大棒，悬挂在衙门两旁，准备严厉惩治那些违法乱纪的人。

一天夜里，曹操亲自带着一队人马去巡查。夜已经深了，四下里静悄悄的。突然从远处传来一阵狗叫声。曹操马上警觉起来。命令士兵注意四周的动向。不一会儿，在街头转弯处闪出五六个人影，只见他们走到一家民房前停下来。有一个随从模样的人说："蹇大人，就是这家，已经到了。"

这个被称为"蹇大人"的,是皇上的亲信宦官蹇硕的叔叔,一般人叫他蹇叔。这家伙倚仗侄儿在朝里的权势,霸占土地,欺压百姓,无恶不作,是洛阳出名的一个地头蛇。他白天干尽了坏事不算,晚上还专门带着一批打手闯入民宅,抢占民女。这天晚上他们又想闯入一家民房去捣乱,不料这一次正好撞到曹操手里。蹇叔一伙人正在叫喊敲门,曹操大喊一声。"来人!抓住这一伙歹徒!"巡查队应声一拥而上,把蹇叔等人一起全都捆绑起来。这时候蹇叔还强作镇静,摆出一副满不在乎的样子,嘴里骂道:"你们是些什么人?胆敢捉拿起老爷来!"巡查队的士兵不由分说,把蹇叔押回衙门审问。

　　曹操坐在衙门的厅堂正中,见蹇叔竟那么嚣张,就更加愤怒,大喝一声:"你们倚仗权势,漠视禁令,本都尉决不宽容,定要依法严惩!"接着吩咐士兵:"拿五色棒来!"站在两旁的士兵听说要打蹇叔,心里高兴极了,他们立刻把蹇叔按倒在地,用五色棒一顿好打。不一会儿,蹇叔的四肢就挺直,死了。

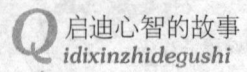

煮酒论英雄

刘备做徐州牧，被吕布打败，逃出徐州，投靠了势力强大的曹操。刘备虽然住在曹操那里，但心总想着要发展自己的力量，对曹操只是表面敷衍。曹操看透了刘备的心思，暗中派人监视刘备的活动。刘备装出庸庸碌碌的样子，不关心天下大事，整天只知道浇水种菜，用这种假象来蒙骗曹操。一天，刘备正在浇菜，曹操叫武将许褚来请刘备。刘备心里一怔，怕遭曹操的暗算。许褚在旁一再催促，刘备只得放下水桶，硬着头皮去见曹操。曹操已经摆上了酒，他请刘备一边欣赏树上已经熟了的青梅，一边开怀畅饮，谈论天下大事。

过了一会，突然浓云密布，天快要下雨了。曹操指着天上的云彩问："您知道龙的变化吗？"刘备回答："我不大清楚。"曹操说："龙能大能小，变化不定，龙乘时而变化，就像人得了志，纵横天下。龙就好比是世上的英雄。"说到这里，曹操看了看刘备，又说："您长久在外，见多识广，一定知道当今世上的英雄。请您说一说。"刘备说："我可不知道。"曹操接着说："您不要谦虚！"刘备只得应付说："淮南的袁术，兵精粮足，可算是英雄。"曹操笑道："那是坟墓中的枯骨，早晚就要被我收拾了。"刘备又说："河北袁绍，占据着冀州，部下能干的人很多，可以说是英雄。"曹操大笑着说："袁绍表面上厉害，实际上没有胆量，做事优柔寡断。到了要干大事的时候，他又怕死。看到一点小利，他就要拼命。这种人不能算作英雄。"刘备只得说："我实在不知道了。"曹操接着说："英雄是胸怀大志，腹有良谋，有包藏宇宙的智慧，有吞吐天地的志向。"刘备见曹操这样说，就反问道："谁能当得起？"曹操指了指刘备，又指着自己的鼻子说："当今天下的英雄，只有你和我两个！"刘备感到这是曹操在试探自己，不觉心里一惊，手一松，筷子掉在地上。这时候正好天空中一阵雷鸣，下起了大雨。刘备抬头望了望天，说了声："好响的雷啊！把我吓了一跳。"就把自己的惊慌掩饰过去。然后，刘备从容地拾起筷子，又和曹操敷衍了一会儿，才辞别曹操，回到自己的住处。

有诗赞曰：勉从虎穴暂栖身，说破英雄惊杀人。

巧借闻雷来掩饰，随机应变信如神。

刘备见曹操对自己有戒心，就借故脱身，离开曹操，另找出路去了。

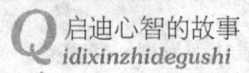

奢侈之害，甚于天灾

晋武帝统一了天下，结束了东汉末年以来约一百年的分裂割据局面，这在历史上是有一定功绩的。但是他还有另一方面，就是生活十分奢侈腐化。他为祖宗修建了一座富丽堂皇的太庙，建筑材料用的是荆山上采来的木料，华山上采来的石料。正殿上十二根柱子是用铜铸成，外面镂刻出各种各样的花纹，再涂上黄金，点缀上大大小小的明珠。晋武帝修筑太庙的目的，表面上看是孝敬祖宗，其实是为他自己铺张浪费开路。修好太庙后，他就为自己修建了豪华的宫殿，选取了一万多名年轻美貌的宫女来服侍他。这一万多名宫女光是每一天的胭脂花粉的费用，就是很大的一笔开支啊。

皇帝带头奢侈腐化地生活，大臣们也就纷纷跟着他学，上梁不正下梁歪嘛。石崇、王恺斗富就是一个很好的例证。

石崇是个大官僚,依靠他家世代的剥削,积累了巨大的财富,拥有大量的金钱、珍珠、田宅和八百多名奴隶。

王恺是晋武帝的舅父,被封为山东县公,领有一千八百户的封地,还做过骁骑将军、散骑常侍等大官。

王恺听说石崇家里富有,仗着自己是皇亲国戚,有心想跟石崇斗一斗,究竟谁更富更阔一些。王恺家用麦糖洗锅,并以此向石崇炫耀。石崇自然不服气,于是他家就用白醋当柴烧,压倒了王恺。王恺为了讲排场,摆阔气,出门的时候,在道路两旁用紫纱布做挡风墙,全长四十里,用了上百匹布。石崇听说了,出门的时候,就用锦缎做挡风墙,全长五十里,压倒了王恺。王恺想出了新招,用赤石脂来抹墙,把家里的房子弄得富丽堂皇。石崇不认输,就用新椒泥抹墙,把家里的房子弄得芳香扑鼻,又一次胜过了王恺。

王恺和石崇经常大宴宾客,表示自己的阔气。王恺请自己的客人喝酒,要美女在席旁吹笛,如果稍有失韵走调,就把美女拉出去杀了。石崇叫美女劝客饮酒,如果客人不高兴喝或喝得不多,就杀劝酒的美女。在一次酒席上,石崇请一个叫王敦的喝酒。王敦这个残忍的家伙,故意不喝酒,石崇一连杀了三个美女。这伙剥削者真是残暴到了灭绝人性的地步!

王恺、石崇这群剥削者,这样奢侈腐化,引起了一些正直人士的极大不满,他们勇敢地跟豪门大户作斗争并且直言不讳向司马炎提意见。当时有个叫傅咸的大臣,给司马炎写信,严肃地指出奢侈的危害。他说："奢侈之害，甚于天灾。"这句话说得十分精辟透彻。天灾有一定的限度，互相攀比奢侈，是没有止境的。

正因为西晋统治者贪得无厌，奢侈腐化，内部争权夺利，才好景不长，维持了52年统治的西晋王朝只经过四个皇帝，就灭亡了。这则故事，以事实教育人们，"俭以治国，奢以败国"。

洛阳纸贵

西晋文学有一代表作,乃为《三都赋》,《三都赋》的作者是出身寒微的左思。《三都赋》是一篇用赋的文体描写三国时代蜀都成都、吴都建业、魏都洛阳的文章。《三都赋》于晋武帝太康年间问世后,震动了整个文坛。

据说,左思为了写好《三都赋》,整整花费了十年的工夫。他广泛收集材料,认真核对事实。凡是《三都赋》中提到的山川、城市,他都要查考地图,就是鸟兽草木,也要和地方志对照查实。至于风俗、歌谣、音乐、舞蹈,他更是一丝不苟地根据当时当地的实况来写,写作态度十分严肃认真。

左思在考虑《三都赋》的内容、结构、用词造句上,更是付出了艰辛的劳动。为了获得铿锵有力的句子,来表达深刻的内容,塑造出耐人寻味的艺术形象,他曾在室内庭院、厕所等处的墙上，都挂了纸笔。不管走到哪里，只要想到一个好句子，就随手把它写在挂着的纸上。

在左思酝酿写《三都赋》的时候，吴郡人陆机正好来到洛阳。这个文章冠世的江南名士，看到洛阳的繁华景象，想要写一篇洛阳赋来抒发自己的情趣。他听说左思正在酝酿写《三都赋》，禁不住哈哈大笑。他嘲笑这个无名小辈的左思，竟敢写赋，还要写三都赋，真是自不量力。他在给弟弟陆云的信中说："洛阳这个地方，有一个粗野的无名小辈叫左思的，竟妄想作三都赋。等到他把文章写成了，我们就应该酒瓮底朝天了！"陆机的嘲笑传到左思的耳朵里，左思决心忍受耻辱，用艰苦的劳动，坚持不懈的努力去完成三都赋的写作，用事实回答陆机。

时光易逝，眨眼间十年过去了，左思终于写成了《三都赋》。左思觉得自己人微言轻，怕别人瞧不起自己，因而埋没了自己的作品，白费十年心血，所以他就带着《三都赋》的文稿，去拜访当时名气很大的皇甫谧，请他先看一看。皇甫谧看《三都赋》的时候，不禁几次拍案叫绝，连连称赞说："写得好！写得好！"他答应给《三都赋》写篇序文，并请当时有名的诗人张载给《魏都》作注，刘逵给《吴都》、《蜀都》作注。皇甫谧在序文中说："自两汉以来，写赋的人很多，像司马相如的《子虚赋》、班固的《两都赋》、张衡的《二京赋》，都各有特长，为人所称道。不过，他们都不如左思的《三都赋》写得好。"当时很有名望的张华也称赞《三都赋》写得好，他说："读《三都赋》，余味无穷，越读越有味。"当年嘲笑左思的陆机，见到《三都赋》，也大吃一惊，简直佩服得五体投地。他原来想写的洛阳赋也不敢再动笔下。

《三都赋》传出以后，人们争相传阅，赞不绝口。大家都争着买纸抄写阅读。洛阳城里的纸价突然猛涨。这就是被后人传为美谈的"洛阳纸贵"的故事。

借古喻今，"洛阳纸贵"的故事给人以启迪，一个贤明的领导者用人，一定要摒弃门第观念、排资论辈的思想，坚持唯贤是举的做法。要略知"自古贫贱出英雄，纨绔子弟少伟男"的道理，它虽带有一定的片面性，但它毕竟是社会历史实践的真知。

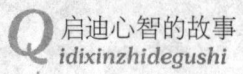

周处改过自新

周处从小死了父亲,缺乏家庭管教。他力气大,喜欢骑马打猎,可就是性情暴躁,蛮横不讲理,动不动就跟人争斗。他做什么事情都由着自己的性子蛮干,不考虑效果如何。他从来不把人放在眼里,在村子里为所欲为,横行霸道。村里人都害怕他,讨厌他,把他和村南山上的猛虎,村旁河里的蛟龙合称为"三害"。

有一天,周处干活回来,看到村里一些老人围在一起,愁眉苦脸,一边叹气,一边在议论着什么,他走过去问"眼下,天下太平,五谷丰登,为什么大家还愁眉苦脸地不高兴呢?"其中一个老大爷看了周处一眼,慢条斯理地说:"不瞒你说,村里三害尚未除掉,人们哪来的快乐呢?"周处忙问:"村里有哪三害?快说与我听听。"老大爷见问,就说:"南山上有吃人的白额猛虎，经常到村里来糟踏人畜，这是一害。村旁河里长桥下有兴风作浪的蛟龙，经常闹灾，发大水，使庄稼歉收，船泊不能行驶，这是第二害。"说到这里，老大爷就闭上嘴不再往下说了。周处赶紧追问："你刚才说了第二害，还有那第三害是什么？"老大爷见周处追问，支支吾吾地说："那第三害嘛，就是那欺压乡邻的恶人，使大家感到痛苦，所以高兴不起来呀。"老大爷说完以后，旁边的人冷眼看看周处，附和着说："这三害真太讨厌了，不消灭这三害，咱们村里不得安宁啊！"周处不知道这第三害是指自己，他见别人眼看着他，还以为别人看他勇敢，希望他除掉三害，所以他就拍着胸脯说："这三害算得了什么，我去除掉它们。"大伙儿听周处要去除掉"三害"，都不约而同地说："你能除掉三害，这真是天大的功劳，我们一定好好感谢你。"

　　周处回到家里，磨快了钢刀，准备了弓箭，果然，去除"三害"了。他背着弓箭，带着刀，迈开大步，爬上了南山，去寻找吃人的白额猛虎。他在树林里转了半天，正要坐下来休息，忽然，听得一声虎啸，山谷应鸣，连那枯枝叶子也被震得纷纷落了下来。接着，只见一只凶猛的老虎张着血盆大口，向他扑来，周处一闪身，老虎扑了一个空。趁着老虎一转身，他赶快拈弓搭箭，老虎第二次扑来的时候，对准老虎心窝，猛射一箭，老虎死了。

　　周处吃了干粮，来到了村旁的长桥。他看见蛟龙刚从水里探出头来，就纵身跳下水去，扭住蛟龙。只见周处和蛟龙在水中激烈搏斗，弄得水花四溅。他骑在蛟龙背上，挥拳猛打，蛟龙一会儿浮出水面，一会儿沉到水底，想要摆脱周处，周处紧紧抓住，穷追不舍，毫不放松，蛟龙顺水下游，一窜就是几十里。村里人一见周处一去不回以为他准是被蛟龙吃掉了，大家都相互表示祝贺。

周处凭着自己的智慧和力气，终于把蛟龙杀死了。他带着胜利的喜悦，爬到岸上，返回村里。一进村，见人们正以为他被蛟龙吃掉而表示庆贺呢，他这才知道，原来自己是人们痛恨的"三害"之一，这使他痛心极了。他想"一个人到了人人痛恨，被看作跟吃人的猛虎、兴风作浪的蛟龙一样，活着还有什么意思呢？"于是他痛下决心，一定改过自新。

周处不知道怎样才能成为一个令人喜欢的人，又觉得自己年龄已大，恐怕不会有什么成就了。他怀着沉重的心情，离别家乡，来到吴郡，向名士陆云请教。周处把自己在家乡遇到的情况说了一遍，表示自己想下决心改过，重新做人，可惜已经耽误了多年，虚度了年华，怕今后不会再有什么成就，请指示一条出路。陆云听了以后说："古人说，早上明白了真理，晚上死去也就没有遗憾了。你现在年轻，前途无量。人怕不立志，只要你立定了志向，努力去做，就不怕坏名声改不过来。"周处听了陆云这番开导，心里明白多了，精神上得到了巨大的鼓舞。

周处改过自新

周处回到家乡,振作起精神,一反以前的所作所为。他虚心学习,刻苦钻研,严以律己,不再专横。他努力做到忠实厚道,乐于助人,别人求他办的事情,他立刻动手去做,尽可能让人满意。他尊老爱幼。周处这种勇于改过的行为,得到了人们的热烈赞扬。后来,当地州官知道了周处这方面的事迹,就推荐他做了吴国的东观左丞;孙皓末年,他又被任命为无难督。

周处改过自新的故事给人以教育,有志者事竟成。人怕不立志,只要立定了志向,并努力去做,事业一定成功。

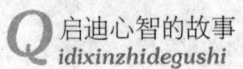

王羲之苦练书法

王羲之是东晋时期著名的大书法家，他的书法艺术达到了炉火纯青的境界，人们尊称他为"书圣"。

王羲之7岁时，就跟当时有名的书法家卫夫人学写字，12岁就研读《笔论》，他父母曾劝他，母亲说："你现在年纪还小，读《笔论》这样的书，恐怕还读不懂吧？"父亲说："不要性急，等长大了，我会教你的。"王羲之回答说："学习是不能等待的，像走路一样，不停地走才能前进。等我长大了再教，那就晚了。"父母亲听儿子说得有道理，父亲就系统地教他写字用笔的方法，讲先人勤学苦练写字的故事，他很受教育，更加努力苦学苦练，达到了入迷的程度。

王羲之每天在书房里练字，全神贯注，目不斜视。到了吃饭的时候，他也不肯放下笔来。有一天，夫人给他送来他最爱吃的蒜泥和馒头。他连头也不抬，一边随手抓起一个馒头蘸着蒜泥吃，一边仍挥笔练习写字。过了一会儿，夫人来看他吃完了没有，到了书房，一看可乐了，只见王羲之满嘴乌黑，手里还拿着一块沾着墨汁的馒头，正要往嘴里送。夫人禁不住放声大笑起来。王羲之还是没有注意，他一边写字，一边夸夫人说："你今天做的蒜泥真香！"王羲之说完这话，手里沾了墨汁的馒头就要往嘴里送。夫人赶快走过去，把馒头夺过来，说："你看看，你吃的是什么馒头？"王羲之听夫人这么一说，才停下笔头，抬头一看，见夫人手里拿的黑馒头，这才意识到自己错把墨汁当蒜泥蘸着吃了，也不禁哈哈大笑起来。

王羲之为了写好字，着了迷。即使在走路和休息的时候，也要揣摩字体的结构、间架、气势，心里想着手指也随着在自己的身上一横一竖地划起来，日子久了，衣服也被划破了。夜里，睡在被窝里也在身上一横一竖地划，练习写字。有一回，躺在被窝里，不自觉的一横一竖地在夫人身上写起字来。夫人提醒他说："人各有体，何必用别人的体？"王羲之听了夫人这一句话，非常惊喜，很受启发，后来，王羲之对晋朝以前许多有名的书法家的手迹，一个一个地用心研究，把各人的特点弄清楚，长处学到手，取其许多书法家的特点和精华，加上自己的意境，开创了一种新的境界，形成了他的自己的独特风格。人们称赞他写的字是"龙跳天门，虎卧凤阁"。龙是传说中钓一种神奇动物，据说能在空中跳跃游动，矫健有力。虎是兽中之王，即使在睡卧的时候，姿态也是威武雄健的。人们用"龙跳"和"虎卧"来形容王羲之的字，说明他的字是多么强劲有力！

　　王羲之苦练书法的故事给人以教育，在学习上，只要你有决心，有毅力，能持之以恒勤学苦练，就能有所成就，古人云："书山有路勤为径，学海无涯苦作舟。""业精于勤，荒于嬉。"

相 思 树

韩平是战国时候宋康王的门客,娶妻何氏,妻子长得很美。宋康王起了坏心,夺走了韩平的妻子,把韩平抓起来,罚他去修城墙,做苦工。何氏听说丈夫要被送走做苦工,就偷偷写信给韩平,表示十分想念丈夫,并暗示了宁死不屈的意思。不料信落到宋康王手里。韩平害怕连累妻子,就自杀了。

何氏趁着没人注意的时候,偷着把自己身上衣服的线缝拆开。宋康王强迫她成亲时,她不从,跳楼自杀,因为她的线缝已经拆开,旁边的人拉她的衣服救她也没拉住,她还是从楼上跳下来摔死了。她的衣服上写着遗嘱,希望宋康王答应她死后能与韩平合葬在一个坟墓里。

宋康王很生气,不答应这个请求,反而故意把何氏和韩平的坟修在东边一个,西边一个。宋康王气呼呼地说:"你们两口子相爱，我偏叫你们分开！如果你们能把坟合起来，我也不阻挡你们。"

说也奇怪，没过多久，这两座坟上都各长出了一株大树，大树的顶部各向对方弯下去，十几天工夫，两株大树的树枝就互相交错，搂抱在一起了。树上还经常停着一对鸳鸯，十分悲哀地鸣叫着。附近的人们都十分同情韩平夫妇的不幸遭遇，见着这两株大树就更加赞美他们生死不渝的爱情，于是把这两株树命名为相思树。

陶侃轶事

陶侃东晋时期人，也是东晋统治集团中恢复中原的有志之士。他曾任过武昌太守，荆州刺使，征西大将军。他一生严于律己，为人师表，有很多动人的故事，被后人称赞不已。

陶侃做武昌太守时，因处治长江沿岸水盗有功，被提升为宁远将军、荆州刺使，遭到握有重兵大权王敦的妒忌，借故把他降职调到广州去做刺使。那时候，广州地区人口不多，生产落后。陶侃到了广州，没有多少公事可办，很是清闲，为了磨炼自己的意志和增加力气。他叫人准备了一百多块砖，整整齐齐地码在院子里。天一亮，陶侃就把砖搬运到外面去，码在一个空场上，到了晚上，他又重新把砖搬运进院子里来，码在原地上，第二天清早，又搬运出去，晚上搬运进来，天天都是这样搬运出搬运进，从不间断。衙门里人看到这些，感到很是奇怪，问他为什么要这样做？陶侃笑着回答说："我正在为恢复中原而努力，要是生活过分安逸，将来就担当不了大事，所以我要用运砖来磨炼自己的意志和力气。"

陶侃非常尊重劳动人民的劳动，爱护庄稼。有一次，他到郊外巡游，在路上碰见一个人，手里拿着一把没成熟的稻穗在玩。他走过去问那个人："你拔下这一把稻穗，要干什么用？"那人随口回答说："我走在路上，看见这翠绿的稻子，挺好看，就随手揪了一把，拿着玩玩，没什么用。"陶侃听了十分生气，说："你既不耕种，又随随便便毁坏人家的庄稼，应当受到处罚！"说着就叫手下人带回到衙门里，用鞭子狠狠抽打了一顿，才放他回家，这消息不胫而走，当地的老百姓非常感激陶侃这样尊重他们的劳动，爱护庄稼，老百姓更加努力耕作了。

后来，因形势需要，陶侃又被调回荆州做刺使。他回到荆州以后，忙着办理积压下来的公事。许多公文书信都由他亲自执笔起草；许多来访的客人，都由他亲自接见，忙得不亦乐乎。可是在广州养成的运砖锻炼的好习惯，仍然天天坚持着做，从不放弃。有人劝他注意休息，他回答说："古时候治水的大禹，是个品德高尚、智慧超群的人，他还要爱惜寸阴。何况我们这些普普通通的人，更应当爱惜寸阴。一寸光阴一寸金哪。"陶侃特别讨厌好吃懒做的习气，他常教育人们说："人生一辈子，哪能只是吃吃喝喝，游游逛逛，过着醉生梦死的生活，一个人活着，如果对于当时没有作出贡献，死了也默默无闻，不能留名后世，那就是自暴自弃。"陶侃办事认真，对于办事不认真的人，一是严肃处理，二是耐心说服教育。有一次，有个官吏因喝酒、赌博误了公事，陶侃叫人把他喝酒赌博的用具没收，全扔到河里去了，并给予鞭打的处罚。陶侃还把他叫到跟前，当面教导他说："赌博是不务正业的人干的。一个正派的人想有所作为，应当端正自己的行为，整饬自己的仪表，不能赌博，不能蓬头垢面，邋邋遢遢，不拘小节。"这个官吏经过教育，表示痛下决心，改过自新，不再重犯。

陶侃严格要求自己，一辈子不醉生梦死，致力于做一个有益于社会的人，做个正派人。陶侃的故事，使我们联想起唐朝著名诗人韦应物赠友人的一首诗："去年花开逢君别，今日花开又一年。世事茫茫难自料，春愁黯黯难成眠。身多疾病思田里，邑有流亡愧俸钱。闻道欲来相问讯，西楼望月几回圆。"这首诗是写作者在任苏州刺使时，有一年发生了饥荒，百姓生活困苦，纷纷逃亡在外。他虽然想尽办法抚恤灾民，但流亡者仍不绝于道。这首诗流露出作者十分沉重的心情。古时，一个封建地方官员尚且如此，而今我们共产党干部身为人民公仆，应该如何呢？把全心全意为人民服务视为己任，尽职尽责地认真去工作，不醉生梦死。把人民群众的痛苦视为自己的痛苦，不漠不关心，视而不见。严格要求自己，老老实实地去做一个正派人，这就是陶侃故事给我们的教育。

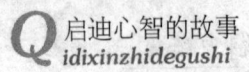

刘义隆用人

宋文帝刘义隆是一个精明能干的人。他即位后，极重文儒，躬勤政事，孜孜无怠，他曾提出："国以民为本，民以食为天"的论点。为发展农业，他采取了一系列政策，经常下令清查户口，防止豪强侵吞兼并土地；减免租税，使农民有能力耕种；带领文武百官亲耕田垄，鼓励农桑。当时，农业有了一个大的发展，年年丰收，整个国家出现了粮食垛放在地里，没人去偷，晚上居民睡觉，不关门不闭户的景象，史称："元嘉之治"。

要实行上面的政策，光皇帝一个人是不行的，所以刘义隆很重视官员的选拔，善恶分明。下面举两个例证。

南梁郡太守刘遵考，他为人粗暴，贪财好利。他在南梁郡做太守的时候，当地连年发生特大旱灾，田地收入甚微，农民

刘义隆用人

生活极端贫困,难以度日。宋文帝下令从政府的粮仓里拨出粮食来,运到灾区,救济灾民。刘遵考不问灾民死活,乘机把朝廷拨来的救灾粮侵吞掉。宋文帝得知刘遵考这种不法行为后,十分气愤。刘遵考虽是宋文帝的堂叔,当年也跟随宋武帝刘裕北伐,战功显赫,但宋文帝不徇私情,对贪官污吏刘遵考毫不客气地予以惩办,果断地免去了他的官职。

有一次荆州需要换人,谁去为好?宋文帝反复考虑,仔细寻找合适的人选。按照宋武帝刘裕在世时的规定,荆州刺使只能由后帝的本家轮流担任,这一次应该轮到南谯王刘义宣了。可是荆州是长江中游的政治军事重镇,刘义宣没这个能力,担不起这洋重的担子。当然宋文帝不会选派刘义宣了。几天以后,宋文帝竟出人意料地选派衡阳王刘义季去担任这个职务。虽有人反对,宋文帝也不改变主意。为什么宋文帝这样信任刘义季呢?这里有一段小故事。

衡阳王刘义季喜欢打猎常常在春天里纵马追逐飞禽走兽,踩坏田里禾苗,有一次,一个老农看到刘义季又来打猎,就劝告他说:"打猎成为一种嗜好,不顾节气,这是自古以来人们所禁忌的事。"老农给刘义季讲了夏朝时候太康失国的故事。太康因为爱好打猎,不问国事,被后羿乘机夺取了政权,失掉了国家。老农又说:"现在正是春季,风和日暖,是播种庄稼的好季节。如果失去这个好季节,田地就要荒芜,百姓就要挨饿,朝廷也会收不到租税。您不应当图一时的快乐,在这时候

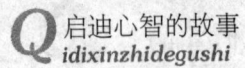

打猎，影响百姓的耕种。"

刘义季听了老农的劝告，觉得很有道理，抱歉地说："你说得很对！"从那以后，刘义季不在春季打猎了。这件事传到了朱文帝的耳朵里，他激动地说："人非圣贤，谁能没有过失！这种知过能改的精神是最可宝贵的。"所以这次宋文帝坚持选派刘义季到荆州去。果然，刘义季没有辜负宋文帝的期望，勤勤恳恳地处理政务，认认真真地操练军队，把整个荆州治理得秩序井然，市面欣欣向荣，百姓生活安居，社会稳定。

花木兰替父从军

北魏后期，柔然、库莫奚、契丹等少数民族逐渐强大起来，他们经常骚扰中原，抢劫财物，掳走百姓。北魏朝廷为了对付他们，经常征兵。

有一天，木兰正在家里织布，突然衙门里的差役送来征兵的军帖，要征木兰的父亲去当兵。当时，木兰一家五口人，下有幼小的弟弟，还有妹妹，上有年老的父母，父亲已年过半百，怎能去从军打仗？怎么办？木兰愁得饭也吃不下，也没心思织布。她想，要是有个人替父去从军，那该有多好呀。谁能去替父从军？她思来想去，自己从小跟父亲学习读书写字，学得了一肚子好学问；又跟父亲骑马射箭，学练武艺，练就一身好武艺，可谓文武全才，能报效国家，看来只有自己代替父亲从军最合适。可是女子怎能去从军呢？她又想来想去，终于想出一个好办法：女扮男装。

木兰把自己的想法告诉了父母。父母怕女儿受不了行军打仗之苦，舍不得她去，可又没别的办法，只好同意了。

木兰刚入伍，队伍就火速向北方开去，她早上离家，晚上就来到黄河边上，早上离开黄河，晚上就到了黑山头。晚上宿营，夜静更深，木兰只听到黄河里哗哗的流水声，只听到敌骑的嘶鸣声，可再也听不到父母呼唤自己的声音了。但木兰并不伤感，只去想怎样在战场上多杀敌立功。

行军作战十分艰苦。士兵们来自五湖四海，有的勇敢粗犷，有的机灵心细。木兰害怕别人看出自己是个女的，处处加倍小心。白天行军，一天要走一百多里路，她紧紧跟上，从不掉队。夜晚宿营，她和衣而睡，从不脱战袍。作战时，她冲杀向前，从不表示懦弱。

从军十二年，木兰参加过无数次战斗，立了不少战功。同伴见了她个个竖起大拇指，夸她是个有志气有本领的好男儿。

战斗结束了，队伍凯旋而归。这一胜利归来的消息传到了她的家乡，父母听了非常欢喜，老两口互相搀着，赶快到城外迎接。妹妹听说了，立即梳妆打扮，烧水沏茶。弟弟听说了，赶紧杀猪宰羊，慰劳为国家立功的姐姐。一家人高高兴兴、全力欢迎。

木兰回到自己房里，脱下战袍，换上女装，梳好头、戴好花，尔后出来向护送她回家的同伴表示道谢。同伴们见木兰一身女装，都十分惊奇，没想到自己的战友竟是一位女英雄。他们你看看我，我看看你，不约而同地说："我们跟木兰同行十二年，竟不知道木兰是个女子啊！"

花木兰替父从军的故事给人以教育，男人能干的事，女人也能做到，男女都一样。妇女占人口的一半，调动起妇女的积极性，发挥好妇女的作用，对社会是一个了不起的贡献。

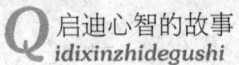

江淹退步

江淹是河南省兰考县人，从小没了父亲，母子俩相依为命。他家里生活很穷，靠砍柴为生。一天，江淹到山上砍柴，捡到大官戴过的一顶貂皮帽子。他高兴极了，想卖掉这顶帽子，去买些米、盐、蔬菜等。可是母亲说："孩子，你捡到这顶帽子是个好兆头，将来一定能做大官。还是把帽子留着，将来做官时好戴。"

江淹听了母亲的话，把帽子收藏好，从此，就拼命读书，将来好做大官。他经常一边砍柴，一边背书。他读书的动机虽不好，但因用的功夫深，进步很快，写起文章来不假思考，下笔就是洋洋洒洒的一篇。他擅长写赋，他的代表作有《别赋》、《恨赋》，当时很有名气。

江淹一出名，很快受到了宋建平王刘景素的赏识和提拔，在兖州做了官,他飞黄腾达的愿望实现了。没想到,有个叫郭彦文的县令犯了罪,为了开脱罪责,竟诬告江淹接受过他的贿赂。江淹因此而坐牢。这真是天大的冤枉!幸亏刘景素给他平了反,放他出了监牢,还给他升了官。不久,他就跟刘景素去镇守京口。萧道成灭刘宋,建立齐朝以后,请江淹做了史官,负责编写历史。萧道成的儿子萧赜在位的时候,襄阳人发掘出一座大古墓,得到一面玉镜和一些竹简。竹简上的古体字谁也不认得。有人说是西周时候的蝌蚪文。人们把竹简拿给江淹看,他认出竹简上写的是周宣王时候的事情。江淹认识蝌蚪文,从此名气更大了。他的官越做越大。江淹做了梁朝的光禄大夫,就是皇帝的高级顾问。还被封了醴陵侯,得了很多封地。就成了官僚地主。

江淹官做大了,不愁吃穿,过着养尊处优的生活。他轻易不写文章了,偶尔写一点,也大不如从前,没什么才华了。

传说有一次,江淹夜宿禅灵寺,做了一梦:有个叫张景阳的人找他,说:"从前有一匹绸子放在你这里,现在应该还给我了。"江淹伸手往怀里一掏,果然掏出色彩鲜艳、图案精美的几尺绸子,还给了张景阳。从这以后,江淹就再也写不出精彩的文章了。

又传说,一次,江淹在冶亭住宿,晚上梦见有个叫郭璞的人说:"我有一支笔放在你这里,好多年了,现在该还给我了!"江淹掏出一支很好看的毛笔,还给了郭璞。从这以后,

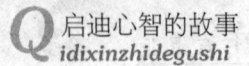

江淹写出的诗,再也没有好句子了。

江淹退步梦的传说,是一种迷信说法。江淹之所以才尽,其主要原因是他当了官不再努力了。这则故事给人以教育,学习无止境,人活到老,学到老。越学知识越丰富,越富有才华。地位高了,生活条件好了,也要学习、学习、再学习。

隋文帝宽下严上

隋文帝杨坚是一位杰出的政治家,很有历史影响的皇帝。他结束了西晋以后五胡十六国南北朝的分裂混乱局面,恢复了中国的统一。他在称帝前,很了解暴虐统治,奢侈腐化之风不得人心,江山难以巩固。他夺取皇位称帝后,总是警惕自己,谨慎处理政事,注意节俭,对待老百姓比较宽。他认为,法律太苛,百姓就会反抗,法律和缓,百姓就会受到感化,自己的统治才能得以巩固。有一段故事,足以说明这一点。

开皇二十年(公元 600 年),齐州有个叫王伽的小官,送七十多个罪犯去京城长安,当时法律规定罪犯在押送途中,一定要套上枷锁。走到荥阳的时候,王伽见这些罪犯头顶太阳,脖子上套着枷锁,实在痛苦,就叫他们停下来,对他们说:"你们犯了国法,受了处分,这是罪有应得。可是你们还给押送你们的民夫增添了痛苦,让他们陪着你们风吹雨淋太阳晒,你们忍心吗?"罪犯们都表示自己有罪,连累民夫,实在过意不去。王伽说:"你们带着枷锁,长途跋涉,也很不容易,我想把你们的枷锁去掉。咱们约定时间,到长安城门集齐,你们能做到吗?"罪犯们都受感动,一齐跪倒在王伽面前,说:"大人的慈悲,我们终生难报。"王伽遣散了民夫,给罪犯去掉了枷锁,说:"如果你们失约,我只好替你们受罪了。"说完,王伽放了罪犯,带着随从向长安进发。

约定的日期到了,罪犯们都按时来到城门口,一个也不少。隋文帝听说这件事以后,非常惊异,马上召见王伽,对他大加赞赏。还把罪犯接到宫里,设宴招待他们,并赦免了他们的罪行。随后下了一道诏书,要求各级官吏学习王伽,用感化的办法管理老百姓。

隋文帝对百姓比较宽,对皇亲国戚、王子、大臣比较严。他教训太子杨勇说:"自古以来,没有听说奢侈腐化而能长治久安的。你是太子,应当注意节俭。"他很注意皇亲国戚的行为,他们要是犯了法一律严惩。他的三儿子杨俊,灭陈的时候立下战功,受到奖励。后来,杨俊觉得自己是皇子,又有战功,生活上愈来愈奢侈,根本不把法律放在眼里。他指使手下的人放高利贷,敲诈勒索,使许多小官吏和老百姓倾家荡产。隋文帝听说以后,特地派人去调查处理,把杨俊手下的人抓起来几十个。可是杨俊不但不收敛,反而胆子越来越大。他模仿皇宫建造自己的宫殿，用外国进贡来的香料涂抹墙壁，用美玉、黄金镶着镜子，还搜罗许多美女，日夜寻欢作乐。隋文帝知道这些情况非常生气，下令免了杨俊的官职，把他禁闭起来。将军刘升以为隋文帝一时生气，就去说情。他对隋文帝说："杨俊不过是多花了些钱，房屋修得好一点，这算什么大错？我认为陛下处理过重了。"隋文帝严肃地说："法不可违，不论什么人都得遵守国家的法律。皇子和百姓只有一个法律，任何人犯罪都得依法制裁，"

杨俊听说刘升将军说情遭到了隋文帝的拒绝，他又担心又害怕，不久，就病倒了。病中，他给隋文帝写信表示认罪，请求宽恕。隋文帝对送信的人说："你回去告诉杨俊，我艰苦创业，都是为了他们，希望大隋江山，子孙万代传下去。他是我的儿子，反倒要把杨家的江山断送，叫我还有什么可说。"没过几天，杨俊死了。他手下的人请求给杨俊立个石碑，隋文帝说："想要留名，在史书上记一笔就是够了，何必立碑！"随后，吩咐把杨俊府中奢侈华丽的装饰全部毁掉。

隋文帝杨坚在位24年，励精图治，勤理政事，体察老百姓疾苦，提倡节俭，严惩不法官吏，把国家治理得政治稳定，社会安定，经济繁荣。传说，政府的粮仓里堆放得满满的，隋朝灭亡时粮食都没用完。隋文帝宽下严上的故事给人以启迪，一个地方官在一地工作，就要有所作为。怎样才能有所作为？一要对老百姓有感情，视为衣食父母，把关心老百姓的疾苦，全心全意为老百姓服好务，视为己任，这样才能得到老百姓真心拥护、爱戴和支持。历史是人民创造的。有了人民的支持，才能有所为。二是"正心、诚意、修身、齐家"。先管好自己，管好家人，管好亲朋，才能树立好的形象，去影响人，教育人，带动人，才能干"治国平天下"的大事情，才能有所作为。

瓦岗军的兴与败

隋炀帝是中国历史上有名的残暴而又奢侈的皇帝。他征调二百多万民夫营建东都洛阳；又征调一百多万民夫开挖大运河；曾三次从运河巡游江都；曾接连三次发动侵略高丽的战争，这些都给全国人民带来一次又一次的大灾难。繁重的赋税、兵役、徭役，使全国百姓妻离子散，倾家荡产，百姓生活穷困潦倒，苦不堪言，在忍无可忍的情况下，终于爆发了农民起义。

隋炀帝调集大军进行镇压，更加激起了广大人民的愤怒。不久，各地起义军汇合成三支强大的队伍，一支是窦建德领导的河北起义军，一支是翟让领导的瓦岗军，还有一支是杜伏威领导的江淮起义军。其中瓦岗军力量最强大。

瓦岗军的首领翟让，是今河南省滑县人，在今河南省濮阳县做管理监狱的小官。后来，因犯了一点小过，被送进监狱，判了死刑。狱卒黄君汉平日很敬佩翟让，看到他突遭横祸，非常同情他。一天夜里，趁天黑无人，黄君汉偷偷对翟让说："现在天下大势已看得很清楚了，像您这样的人才，难道就在监狱里等死吗？"翟让说："我现在被关起来了，由不得自己呀，是死是活全靠您了！"黄君汉给翟让打开枷锁，让他逃跑。翟让一边道谢，一边哭着说："蒙您救助，我得以死里逃生。可是，我走了以后，您怎么办？"黄君汉生气地说："你这是什么话，我看你是个有抱负的人，将来能干出一番拯救百姓的大事业，才不顾个人安危放了你，你不要哭，不要为我担心，赶快走，去闯天下干大事业去吧。"说完，两个人分了手。

翟让逃出濮阳县，回到滑县老家。这时候，家乡的人民正在酝酿起义，他和哥哥翟弘、侄儿翟摩侯，还有同乡青年徐世勣、单雄信等人一起上了瓦岗寨，举起了起义大旗。起义军活跃在南北运河之间二百多里的广大地区，杀富济贫，队伍不断壮大。

一天，李密来到了瓦岗寨门口，要见翟让。李密出身于贵族家庭，父亲是隋朝有名的武将，曾被封为蒲山公。李密是礼部尚书杨玄感手下的将官，因杨玄感起兵反隋被隋炀帝打败，李密也被捉去。在押送的路上，李密逃了出来。隋朝官府到处追捕他，他整整在外面流浪三年，穷到吃草根、树皮的地步。李密看到瓦岗军力量越来越大，他终于下了决心，来到瓦岗寨想投靠瓦岗军。

翟让接待了李密，李密是一个很有才干的人，他具有丰富的政治斗争经验和高明的指挥打仗的本领。他见到翟让，对翟让说："如今杨广昏庸残暴，老百姓怨声载道，这和秦朝末年刘邦、项羽起兵时候的形势一样。凭您的才干，又有精锐的兵马，再与周围的小股农民起义军联合起来，组成联军，共同作战，完全可以席卷洛阳和长安，推翻隋朝！"李密对形势的分析，使翟让大开眼界，对李密十分钦佩和信任。翟让留下了李密。瓦岗军得了李密如虎添翼。

大业十二年，翟让、李密指挥瓦岗军打下金堤关，夺取荥阳附近的几个县城，直逼荥阳城下。荥阳地势险要，是通洛渠入黄河的枢纽，自古以来兵家必争之地。隋炀帝急派名将张须陀率二万精兵去援救。翟让、李密用智取的战法，打败了一向阴险狡猾的张须陀，在这次战斗中张须陀送了命。从此，瓦岗军声威大震。

第二年春天，翟让、李密又率七千精兵，攻下了东都洛阳附近最大的一个粮仓洛口仓。瓦岗军打开仓库，把粮食分给百姓。人们奔走相告，感谢瓦岗军，纷纷送自己的子弟参加起义军。瓦岗军在短短的时间里就发展到几十万人。

翟让看到李密很有政治远见，又屡立战功，主动把瓦岗军的领导权让给了他。于是，李密称魏公，行军元帅，改年号为永平。李密封翟让为司徒。洛口仓扩建为洛口城，成为农民政权所在地。瓦岗军又列举了隋炀帝十大罪状，发布了讨伐隋炀帝的檄文，号召人民起来共同推翻隋王朝。

瓦岗军建立政权以后，南北起义军纷纷响应，前来归附。李密成了中原起义军的领袖。在起义军的猛烈打击下，隋朝的统治土崩瓦解，众叛亲离，许多地方官纷纷起来反隋。

正当农民起义军的势力发展壮大，节节胜利的时候，瓦岗军内部发生了分裂，形成了两派。一派以翟让为首，主要是瓦岗军的旧部成员；一派以李密为首，主要成员是隋朝降将。两派之间的矛盾十分尖锐。

一天，房彦藻和郑颋来向李密告状。房彦藻说："我上次攻破汝南县，翟司徒对我说，'你得到许多珍宝，为什么只给魏公，不给我？你可知道，魏公是我立的，今后如何，还很难说呢！'"郑颋火上加油地说："这话大有文章，岂不是说，他能立魏公，也能废魏公，您应该早打主意！"其实李密心中早有打算，但他怕人议论，就假惺惺地说："如今正是争夺天下的时候，怎么好互相残杀呢？"郑颋说："壮士被毒蛇咬了手，就把整个胳膊砍下，是为了保全整体而牺牲局部。如果是让他们先下了手，后悔就晚了。"这番话正说到李密心上，他嘴上没说什么，心里已经开始筹划了。

这时候又传消息来，翟让的部将王儒信劝翟让夺李密的军权，翟弘要翟让当皇帝，李密唯恐发生变化，决心早下手除掉翟让。

大业十三年十一月，李密在元帅府设宴招待翟让。翟让、翟弘、翟摩侯、徐世勣、单雄信等将领一起赴宴。刚坐定，李密对他手下的将官说："今天我和翟司徒饮酒，用不着那么多卫士侍候！"卫士们立即退了下去。翟让的卫士没动。李密下令："赏他们酒。"翟让对卫士们说："元帅奖赏你们，快下去喝酒吧！"于是，只剩下李密的卫士蔡建德拿着刀站在一旁。大家正喝得高兴，李密让人拿出一张弓来，说是从隋军那里缴获的宝弓，能百发百中，请翟让试射。翟让是有名的射手，见到好弓，分外高兴，他刚接过弓，只见蔡建德突然举刀，照翟让头部猛砍过去。翟让大叫一声，倒了下去，一命呜呼死去了。随后，翟弘、翟摩侯也被杀死。徐世勣见事不妙，拔腿就跑，被守门卫士砍伤。单雄信吓得跪在地上，请李密饶命。在场的人一片惊慌。这时候，李密站起来，大声地说："各位不要惊慌。我和弟兄们一同起义，原是铲除暴政，共享太平。可是翟让专横，肆意侮辱各位将领，更不把我放在眼里，为了反隋大业，不能不除了他，与各位无关。"说完，让人把徐世勣扶到床上，自己亲自给他上药。为了表示对单雄信的信任，派他去安抚翟让的部下，并且派徐世勣、单雄信、王伯当分别统帅翟让的部下。瓦岗军虽然渐渐安定下来，可内部互相猜疑，蓬蓬勃勃的农民起义，开始走上失败的道路。

大业十四年九月，李密被王世充打败，走投无路，带领两万名官兵投靠了唐朝李渊，不久，被李渊杀死。轰轰烈烈的瓦岗起义军，经过八年的英勇奋战，终于失败了。

瓦岗军的兴与败给后人留下前车之鉴。一个领导集体，只有互相信任，精诚团结，才能干出一番惊天动地的大事业来，否则，就影响工作，影响事业，最终两败俱伤。

兼听则明　偏信则暗

唐太宗平定了突厥，巩固了边境，就集中力量、兢兢业业、小心谨慎地治理朝政。有一次，他问大臣魏征，君主怎样才能"明"？怎样才是"暗"？魏征回答说："兼听则明，偏信则暗"。他非常赞成这个见解。因为他知道自己并不是无所不知，无所不能。唐太宗很注意纳谏。他曾经对大臣萧瑀说："我少年的时候就喜欢弓箭，得到好几十张好弓，以为不会再有更好的弓了。不久前，拿给制弓的师傅看，他们却说，都不是好弓。我问什么原因，他们说，木心不直，自然脉理都邪，弓虽然硬，发箭却不能直。我才知道过去鉴别的不精。我用弓箭定天下，还不能识别弓的好坏，何况天下的事，我怎么能都懂呢？"

唐太宗恐人不言，常导之使言。他鼓励各级官吏说，对皇上有什么意见就说什么，不要因为怕得罪皇上而不敢讲。他言必行，行必果。有一次，他问房玄龄说："自古以来撰修国史都不让本朝的君主看，这是为什么？"房玄龄回答说："一个正直的史官，他撰写的国史一定会如实地记写君主的功过。君主看到里面记载着自己的过错，一定会发怒，所以国史都不叫本朝的君主看。"唐太宗说："有什么写什么，怎么会得罪君主呢？我很想看看国史上是怎样写的，把以前的错误，作为今后的鉴戒，有什么不好呢？"房玄龄把高祖、太宗的两部分史料整理好，送唐太宗看。唐太宗看到玄武门之变，有关杀死李建成、李元吉的情形叙述得很含糊，便把编写国史的史官叫来，细致地讲述了当时的情况。并说诛杀李建成、李元吉一事不必隐讳，因为这是安定国家、有利于百姓的事。他还说："史官写历史，应去掉浮词，直书其事，这样才能起到惩恶劝善的作用。"

贞观四年，唐太宗下令修复洛阳宫，供自己到洛阳游玩时用。大臣张玄素上书反对。他说："修复洛阳宫并不是当前最要紧的事情。当年隋炀帝修洛阳宫，大兴土木，用两千人拉一个大柱，从几千里外运到洛阳，劳民伤财，给百姓造成多么大的苦难。如今，战争刚刚结束，财力不如隋朝，人民的元气还没恢复，陛下却先修缮洛阳宫，这不是比隋炀帝还残暴吗？"唐太宗听了很不高兴，说："你认为我不比隋炀帝，那么我比桀、纣如何呢？"张玄素说："如果这个工程不停止，陛下一

定会得到同隋炀帝、桀、纣一样的下场。"尽管这番不客气的批评，听起来刺耳，很不舒服，但是，唐太宗还是作了认真的考虑。由于连年战争，全国的民户不到三百万，只有隋朝的三分之一。再加上灾荒不断，弃地千里，经济萧条，人烟稀少，满目荒凉的景象浮现在眼前，全国这个样子，修缮洛阳宫，不是时候呀！觉得张玄素的话有道理。他感叹地说："我考虑不周道，你说得很对。"于是立即下令停工，并且赏给张玄素二百匹彩缎。

唐太宗说过这样一句名言："人以铜为镜，可以正衣冠；以古为镜，可以见兴替；以人为镜，可以知得失。"正因为唐太宗能不偏听做到兼听，能纳谏如流，大臣们都敢于直言进谏，所以他在位23年期间，唐朝的政治比较开明，经济繁荣。这则故事给人以教育，一个贤明的领导者，要牢记"忠言逆耳利于行，良药苦口利于病"，要善于纳谏，能听得进不同意见和批评意见。

不私于党　唯才是举

　　唐太宗不但善于纳谏，而且善于用人。他能够团结许多有才干的人为他效力。他常对大臣们说："君主一定要大公无私，才能使天下人心服。官员不论大小，都应当选用贤才。不应该按关系的远近，资格的深浅来决定官职的大小。"

　　唐太宗即位后论功行赏，把房玄龄、长孙无忌、杜如晦等五人评为一等。唐太宗的叔叔淮安王李神通很不服气，他对太宗说："太原起兵的时候，臣第一个响应，赴汤蹈火，不辞辛苦。房、杜二人不过舞文弄墨，从没有冲锋陷阵过，功劳却比我大，职位却比我高，这实在不公平！"唐太宗听了以后，就把李神通过去怎样被窦建德打败，全军覆没，后来又败给刘黑闼，仓皇逃跑的事实，一件一件地摆了出来，说："叔父是国家的至亲，我怎么能不信任呢？但是，治理国家不能以私废

不私于党 唯才是举

公。"说得李神通满脸通红,低下头不再言语。还有一些将领是太宗没当皇帝时的老部下。唐太宗当了皇帝,他们没能高升,很不满意,吵吵嚷嚷地说:"我们这些人多年来鞍前马后,南杀北战,出生入死,今天反倒不如李建成手下的人!"太宗对这些人说:"选拔人才,不能分新旧、先后,新人贤明,旧人愚笨,我只能用新人,不能用旧人。你们发怨言,是因为你们没有替国家着想。"

贞观三年,唐太宗下诏让官员们议论国家大事,提出建议。中郎将常何写了二十条建议。太宗看了常何的奏章,很奇怪:常何乃为一介武夫,识字不多,奏章怎么写得这样好,提得建议怎样头头是道呢?便问常何是怎么回事。常何见瞒不过去,只好老实说是他的好朋友马周替他写的。唐太宗听罢,马上派人去请马周。等和马周交谈之后,发现他的确有治理国家的才能,非常高兴,就任命山东布衣马周做了监察御史。后来又任命马周做了中书令,主持朝廷大政。

由于唐太宗善于用人,唯才是举,不私于党,用人不疑,择其所长,所以众臣拼命为他效劳。太宗在位二十三年中,唐代社会的政治经济都发展到了空前的盛况。国内一派繁荣景象,"路不捡遗,夜不闭户"。边境以外的一些部落都来归附,各国商旅来往络绎不绝。是中国封建社会之鼎盛时期,历史上把这种情况称为"贞观之治"。

这一则故事给人教育:千秋大业在于用人。干部工作最根本的就是要黜贪官、罢不肖、去平庸、举良才、荐贤达，使可造之才破土而出，栋梁之才大显身手。这样，我们就可以拥有一批又一批忠诚于党的事业，坚持走社会主义道路的干部队伍。如此，则国家和人民幸甚。

文成公主选婿

唐朝在太宗李世民的治理下,经济繁荣,政治安定,国家日益强大。边境以外的一些部落都来归附。不少国家前来攀亲,建立友好关系。贞观十四年,传说当时到长安求婚的有五个国家的使臣,他们都带着贵重的礼品,想要娶文成公主。其中,就有一个少数民族的王朝吐蕃国,派使臣禄东赞带着黄金五千两、珍宝数百件来求婚。究竟嫁给谁呢?文成公主奏请唐太宗出几道难题,考一考这些使臣,看谁聪明能干,再作决定。

唐太宗把各位使臣请到宫里,拿出一颗九曲明珠和一束丝线,对他们说:"你们当中谁能把丝线穿过明珠中间的孔,就将公主嫁给谁的国王。"原来,这颗明珠有相通的珠孔,一个在旁边,一个在正中,中间的孔道弯弯曲曲,所以叫九曲明珠。要想用一根软软的丝线穿过去，非常困难。几位使臣拿着丝线直发愁。禄东赞很快就想出一个办法，他找到一只蚂蚁，用一条马尾鬃拴在蚂蚁的腰上，把蚂蚁放到九曲明珠的孔内，然后不断向里吹气。一会儿，这只蚂蚁便拖着马尾鬃从另一端的孔中钻了出来。禄东赞再把丝线接在马尾鬃上，轻轻一拉，丝线就穿过了九曲明珠。唐太宗见禄东赞这样聪明，很高兴。

接着，太宗又出了第二道难题。他让人把使臣们带到御马场。御马场左右两个大圈，一边是一百匹母马，一边是一百匹马驹。唐太宗要求使臣们把它们母子关系辨别出来。其他几个使臣束手无策，只有禄东赞想出了办法。他运用吐蕃人民在游牧方面的丰富经验，让人暂不给马驹吃草饮水。过了一天，他把母马和马驹同时放了出来。只见母马嘶叫，马驹哀鸣，小马驹一个一个跑向自己的母亲去吃奶，它们的母子关系就这样被禄东赞辨认出来了，禄东赞说："马的母子关系已经辨清，请陛下把公主嫁给我们的赞普。"太宗说："还要再考一次，然后决定。"

当天夜里，宫里钟鼓齐鸣，皇帝传各国使臣入宫。其他几位使臣慌忙穿戴好赶到宫里。只有禄东赞想得周到，他因为初来长安，路途不熟，怕回来的时候找不到路，就让随从带着红颜料，在去皇宫的路上做了许多记号。原来唐太宗是请各国使臣来宫里看戏，看完戏唐太宗说："你们各寻归路吧，谁能最先回到了住处，就把公主许给谁的国王。"禄东赞有记号指引，

很快就回到住处，其他使臣由于路不熟，摸来摸去，直到天亮以后方才找到住处。

经过这样几次考试，禄东赞都取得了胜利。唐太宗非常高兴，心里想：松赞干布的臣子这样聪明、机智，松赞干布自己更不用说了，于是决定把文成公主嫁给吐蕃赞普。

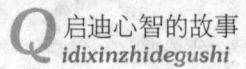

请君入瓮

自从徐敬业叛乱以后,武则天总是疑神疑鬼,特别对唐朝的宗室和元老重臣更不放心,总想把心怀不满的人一个个杀掉。

在武则天淫威和残暴的影响下,酷吏横行,使许多大臣和成千上万的百姓遭到杀害。典型的酷吏有周兴、来俊臣两个,他们使用的刑罚十分残酷。有时让犯人跪着,手捧大木枷,枷上放着瓦罐,叫"仙人献果";有时叫犯人站在高木上面,脖子上挂着巨石,回头向后看,叫"玉女登梯";有时用铁圈箍犯人的头,再往圈里钉木楔,直到把犯人钉得脑裂髓出;有时用竹签刺入指甲;有时用热醋灌鼻子;有时昼夜审讯,不许睡觉。如此种种真是残忍到了极点。

这些做法,弄得朝廷上下,人人自危。人们都害怕和憎恨周兴、来俊臣,把他们比做虎狼,称他们为"酷吏"。

酷吏的横行,激起了人们的极大愤慨。武则天看到群情激愤,对她的统治很不利,就想杀掉几个,以求缓和一下矛盾。正好有人告发周兴,武则天让来俊臣去审讯周兴。

一天,来俊臣把周兴请到家中吃饭。两人边吃边谈,兴致很高。突然,来俊臣问周兴:"朝廷叫我审问一个犯人,罪犯十分狡猾,恐怕他不会轻易认罪,你看怎么办好?"周兴说:"这有什么难的,取一口大瓮架起来,下面用炭火烧,把罪犯放进瓮里去,不怕他不认罪?"来俊臣听完,马上吩咐手下的人抬来一口大瓮,架起来,底下用火炭烧。火烧得正旺,来俊臣站起来对周兴说:"有圣旨审问老兄,请君入瓮。"周兴慌忙磕头认罪。按规定应当判周兴死刑,武则天改成流刑。人们恨透了他,在流放的路上有人把他截杀了。

周兴的下场,并没有使来俊臣接受教训,他的野心反而越来越大。他想诬告武承嗣、武三思和太平公主,自己独掌大权。武承嗣等人知道来俊臣手段毒辣,便先发制人,把来俊臣抓了起来。武则天本想赦免他,无奈许多大臣纷纷上书,要求处死他。武则天没法只得下令处死他。行刑的那一天,许多被害人的家属拥到刑场,为了泄愤,争着咬来俊臣身上的肉,一会儿,就把肉咬完了。又挖出眼珠,剥下面皮,掏出心、肝,把残骸踏成泥浆。老百姓互相道贺,说:"从此以后,可以安心睡觉了。"

这篇故事给人以教育：我们要大力宣传"勿以善小而不为，勿以恶小而为之"。从道德角度而言，千千万万的小善是构造人类道德基础的主要部件，是源远流长的传统道德长河的主流。古之圣贤的"四岁让梨"、"老吾老以及人之老"，是小善；今天的"三爱四德"，主要是由小善构成。一个社会，小善渐多，精神文明之风就能蔚然而起，整个社会就会变得美好起来。

谏太宗十思疏

魏征是唐朝初期一位杰出的政治家,他一生正直,以直言诤谏遐迩闻名。唐太宗初年励精图治,颇为英明。后来逐渐骄奢,追求珍宝异物,兴建宫殿园囿,魏征就不断用前代兴亡的历史教训来提醒他。贞观十一年,魏征连上四疏,《谏太宗十思疏》这篇奏章就是其中之一,这篇奏章的原文如下:

臣闻求木之长者,必固其根本;欲流之远者,必浚其泉源;思国之安者,必积其德义。源不深而望流之远,根不固而求木之长,德不厚而思国之安;臣虽下愚,知其不可,而况乎明哲乎!人君当神器之望,居域中之大,不念居安思危,戒奢以俭,斯亦伐根以求木茂,塞源而欲流长也。

凡昔元首,承天景命,善始者实繁,克终者盖寡，岂取之易，守之难乎？盖在殷忧，必竭诚以待下；既得志，则纵情以傲物。竭诚，则吴、越为一体；傲物，则骨肉为行路。虽董之以严刑，震之以威怒，终苟免而不怀仁，貌恭而心不服。怨不在大，可畏唯人，载舟覆舟，所宜深慎。

诚能见可欲，则思知足以自戒；将有作，则思知止以安人；念高危，则思谦冲而自牧；惧满盈，则思江海下百川；乐盘游，则思三驱以为度；忧懈怠，则思慎始而敬终；虑壅蔽，则思虚心以纳下；惧谗邪，则思正身以黜恶；恩所加，则思无因喜以谬赏；罚所及，则思无以怒而滥刑。总此十思，宏兹九德。简能而任之，择善而从之，则智者尽其谋，勇者竭其力，仁者播其惠，信者效其忠。文武并用，垂拱而治。何必劳神苦思，代百司之职役哉？

这篇奏章，魏征写得语重心长，剀切深厚。唐太宗十分赞赏，亲写诏书嘉许魏征。又书写好放置案头，以资警惕。我们也要从这篇奏章中受到教诲："怨不在大，可畏唯人，载舟覆舟，所宜深慎。"

姚崇灭蝗

公元716年，山东闹蝗灾。蝗虫多得成了片，飞起来遮天蔽日，停下来密密麻麻，把田里的禾苗吃得干干净净。地方上的官员说，蝗虫是神虫，不能捕杀。老百姓吓得烧香、叩头，求上天开恩。姚崇得到报告，立即下令地方官员要带领群众扑蝗。他还提出捕蝗的办法，派御使到各地督促灭蝗。有个地方官叫倪若水的，很有权势，拒绝御史的检查，不组织百姓灭蝗，还写了个奏章给唐玄宗，说："蝗虫是天灾，不是人力能够灭除的，皇上应该多做有德行的事，只要感动了上天，天就会把蝗虫收回去。"姚崇看了倪若水的奏章很生气。给他写了回信。信上说："要是多做有德行的事就能解除蝗灾，那么，你管的地方，蝗虫那么多，难道说你是个没有德行的人吧？你眼看禾苗被蝗虫吃掉，竟忍心不救，将来闹成饥荒，唯你是问！"倪若水接到信后不敢违抗命令，几天工夫，他就发动百姓消灭了蝗虫。

各地捕杀蝗虫的数目报到京城里，有个叫卢怀慎的大臣劝姚崇说："外头的人都议论纷纷，说蝗虫杀得太多了，恐怕得罪上天，您还是考虑考虑吧！"姚崇回答说："蝗虫闹得这样厉害，百姓到处逃荒，能看着不救吗？要是这样做能招来灾祸，由我一个人承担就是了。"由于姚崇积极采取捕蝗措施，这一年山东避免了大灾荒。

姚崇不害怕有权势的人，不逃避风险，很得唐玄宗的信任。他不愧是一代贤相。姚崇为唐朝政治经济的发展，做了应有的贡献。唐朝的贞观初年到开元末年，经过一百多年的建设，出现了前所未有的繁荣景象，达到了全盛时期，历史上把这一全盛景象称之为"开元之治"。诗人杜甫曾写诗描写当时的情况：

忆昔开元全盛日，

小邑犹藏万家室。

稻米流脂粟米白，

公私仓库具丰实。

九州道路无豺狼，

远行不劳吉日出。

齐纨鲁缟车班班，

男耕女桑不相失。

这篇故事给人以教育:自然灾害的发生不以人的意志为转移,一旦灾害发生,怎么办?领导者应不怕担风险,率领民众,全力以赴,克服困难,战胜灾害。

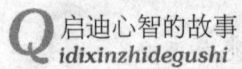

李隆基不爱江山爱美人

　　善始者实繁，克终者盖寡。唐玄宗李隆基在位的时候，开头二十多年里，他用贤人，虚心采纳大臣们的意见，君臣励精求治，国家富足强盛，百姓生活安定，出现了"开元之治"的盛世。可是日子一久，他骄傲自满起来，亲小人，远贤人，喜欢迷信，生活奢侈，贪恋女色，懒得处理政事。他最宠爱的武惠妃，在天宝三年死了，他就把他儿子寿王的妃子杨氏霸占过来，取名太真，封为贵妃。

　　自从有了杨贵妃陪伴，唐玄宗更加纵情享乐，过着异常奢侈的生活。他们吃一顿饭，山珍海味总要有几十盘菜。一盘菜的价钱等于十户中等人家的产业。那些皇亲国戚，都争着向皇帝和贵妃进献价值最昂贵的食品，一次进献少则几十盘，多则上百盘。皇宫里设立了"检校进食使"的官职，专门负责评比各家食品的精美程度。唐玄宗把杨贵妃住的地方叫做"贵妃院",专门给贵妃院制作衣料的纺织匠和绣花匠,就有七百客人。官员们从老百姓身上搜刮来的奇珍异宝,名贵服饰,新奇玩意,尽都贡献给唐玄宗和杨贵妃。

杨贵妃想要什么东西,玄宗一声令下,就得想尽一切办法弄来,有一年夏初,杨贵妃想吃鲜荔枝。荔枝产在今广东和四川,离长安几千里路,那时运输最快的工具是马。这命令一传下去,地方官员就派出最善于骑马的人,骑上最快的马,从生产地带着荔枝,一站一站地换人换马,接力传送。鲜荔枝很快送到了长安皇宫里,剥开一尝,色和味道都还保持新鲜,一点没变。至于浪费了多少钱财,累坏了多少人,跑坏了多少马,唐玄宗自然不去计较。

自从杨贵妃进宫来,唐玄宗没日没夜地吃喝玩乐,一刻也不离开她。有一天早晨,杨贵妃因事触犯了玄宗,玄宗一气之下,叫人把杨贵妃送回了娘家。这一来,玄宗立刻显得六神无主,丢魂失魄,吃不下饭,也没心思玩了,想把杨贵妃接回来,又不好意思。大臣高力士看透了玄宗的心思,提出把贵妃院里存放的东西,统统装车送到杨贵妃娘家去,供杨贵妃使用。玄宗一听,正好下台阶,就欣然同意,并亲自把自己吃的"御膳"分出一部分,派人一起送给贵妃吃,表示和好,到了晚上,索性把杨贵妃接回宫里。打这以后,玄宗对杨贵妃,更是百般顺从和宠爱。他的皇后和妃子一大群,宫中美女几千人,他都一概不理,心中只有一个杨贵妃,真是"后宫佳丽三千人,三千宠爱在一身"啊!

由于出了一个杨贵妃,杨氏一家煊赫一时,玄宗对杨贵妃一家无比宠爱,一个个都成了显贵的人物。父亲、叔父、两个堂兄弟都升了大官,杨国忠竟当了宰相。三个姐姐也接到长安居住,分别封为韩国夫人、秦国夫人、虢国夫人。真是"一人得道,鸡犬升天"。当时民间流传着两句歌谣:"生男勿喜女勿悲,君今看女作门楣"。

由于唐玄宗李隆基宠爱杨贵妃,又重用杨国忠,自己沉溺在享乐之中,不理政事。唐朝越来越腐败,终于酿成"安史之乱"。天宝十四年十一月初一,安禄山、史思明以讨伐杨国忠为名,发兵二十万,在范阳举行反叛。很快打过黄河,攻占了洛阳,安禄山当上了"大燕皇帝"。接着又攻占了潼关,京城长安危在旦夕。玄宗又怕又急,在杨国忠的劝说下,急急忙忙向四川逃跑。在逃跑的路上,经今陕西省兴平县一个叫马嵬坡的驿站时,跟随将士哗变,处死了杨贵妃,杀死了杨国忠和他的全家及杨贵妃的三个姐姐。哗变平息后,当地老百姓劝留玄宗讨平叛贼,他听不进,一意孤行去四川,把太子李亨留了下来,天宝十五年七月,李亨在今宁夏回族自治区灵武县即位,就是唐肃宗,改年号为至德,尊唐玄宗为太上皇,从此,结束了玄宗的统治。

这篇故事给人以教育:"忧劳兴国,逸豫亡身"。艰苦奋

斗是我们的好传统，是一种具有永恒意义的精神财富。在物质匮乏，环境艰苦的条件下，它能使人保持一种不畏艰难、锐意进取的意志，去战胜一切困难，达到理想的目标；在物质丰富、生活富裕、条件优越时，它能使人保持勤劳节俭之风，不沉醉于物质享受，不奢侈腐化，继续奋发向上，开拓进取，创造更加美好的未来。过去干革命需要靠艰苦奋斗，现在搞社会主义建设同样需要靠艰苦奋斗，我们每个领导干部，应自觉地起来大兴艰苦奋斗之风。

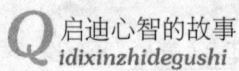

张巡借箭

安禄山打过黄河，攻占了洛阳，当了"大燕皇帝"后，他又派出几路大军向东向南进军，想要占领江淮和江汉两地区。这两个地区物产丰富，是唐朝军饷的主要供给地。如果占领了江淮和江汉两地区，不仅可以切断唐朝的经济来源，而且叛军的军饷也就不再发愁了。因此，几路叛军多次猛攻今河南省南阳市和商丘市。唐朝守军浴血奋战，始终挡住了叛军前进的道路。这里讲一讲张巡借箭，保卫雍丘的故事。

天宝十五年初，原雍丘县令令狐潮投降了叛军，安禄山封他做了大官，并叫他领兵离开雍丘，出去作战。贾贲乘雍丘空虚的时候，率两千唐军，又收复了这座县城。这时候张巡也领兵来到这座县城，两人会合一起，共同守城。没过多久，令狐潮率领四万叛军，团团包围了雍丘城。经过六十多天的苦战，令狐潮连吃败仗，不得已退兵，张巡保住了这座城。在保卫战中，贾贲不幸阵亡，张巡独立担负起保卫雍丘城的重担。

天宝十五年六月，令狐潮又领兵包围了雍丘。令狐潮心想，上回四万多人都没能攻下这座城，看来强攻硬打不行。好在张巡过去是我的老朋友，不如劝劝他吧。于是，令狐潮写信给张巡。信的大意：安禄山的大军已攻占洛阳，安禄山已经当了"大燕皇帝"。潼关又已失守，京城长安不久也要攻破。皇帝已经逃走，唐朝已经灭亡，你死守一座孤城，到底是为的什么？雍丘城是守不住的，你还是趁早投降吧。我担保你能得到安禄山的重用。

张巡接到信，让大家传阅。当时雍丘还住着一些朝廷的大臣，其中有六个大将对张巡说："皇上已经逃出京城，生死下落不明，咱们兵力又少，守一座孤城没有出路，不如早投降。还可保全一城人的性命。"张巡考虑了一番，答应第二天再作出决定。

第二天上午，他在大堂里挂上皇帝的画像，带领将士对着皇帝的画像行朝见的礼节，表示讨伐叛贼的决心，维护国家统一的意志。大堂里没一人说话，只听见人们哭泣的声音，气氛十分悲壮。行礼毕，张巡叫人把那六位劝说投降的将军领进来，当众严厉斥责他们的行为，然后推出去斩首。爱国的将士们一致拥护张巡的果断措施，守城抗敌的决心更加坚定。

雍丘的守卫战坚持了四十多天，箭已用光，张巡叫士兵扎了一千个草人，给草人穿上士兵衣服，系上绳子。晚上，叫士兵提着绳子把草人从城墙上慢慢放下去。围城的叛军以为是唐军偷越出城，拼命乱箭射去。等草人身上扎满了箭，士兵们就把草人拉上城来。这样反复多次，得到了几十万支箭。秘密泄露，叛军才知道张巡用了草人借箭的计策。

又一天夜里，只见又有好多人从城上吊了下去。叛军将士哈哈大笑，嘲笑张巡愚蠢。有个将领说："张巡还想用草人来赚我们的箭，弟兄们，别上当啦，咱们不理它，让他们白等着吧！"这又是张巡用的计。这次吊下来的不是草人，是唐军五百多人的敢死队。敢死队从城墙上下来以后，就快速找地方埋伏起来，准备到深夜突然发动袭击。过了一阵子，有人报告城墙上的草人不见了。那个将领说："咱们不射箭，准是张巡等得不耐烦把草人收回了。没事啦，大家睡觉去吧。"夜深人静的时候，唐军的敢死队突然发起攻击，直向令狐潮的兵营杀来。城里唐军也擂鼓呐喊，好像增援大军从天而降。叛军将士早已进入梦乡，遭到这突然袭击，立刻大乱。令狐潮从睡梦中惊醒，以为是唐朝的增援大军杀来了，不敢抵抗，慌忙下令放火，把那些工事壁垒一起烧毁然后逃跑。敢死队和城里唐军乘胜追杀十多里，取得大胜利，才收兵回城。这一仗，使雍丘城里人心大为振奋，士气更加高涨。

令狐潮逃到陈留,不敢再与张巡交战。远近的百姓,都偷偷地从叛军统治下逃来投奔张巡,十来天的时间,就有一万多家来到雍丘城,加强了抗敌守城的力量。

这篇故事予人以教育:"得道者多助,失道者寡助。"正义之战必胜。

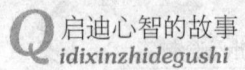

一位勇敢机智的少年

　　唐朝中期，今湖南省郴州地方，有一个11岁的孩子名叫区寄，远近闻名。提起他，坏人害怕，百姓夸他是一个勇敢机智的小英雄。

　　一天，区寄在山里一边放牛，一边砍柴。突然，两个人贩子闯了过来，抓住区寄，反绑了他的双手，要带到集市上去卖掉。区寄装作十分害怕，大哭起来，用这一办法来麻痹这两个家伙。这一招还真有效。快到集市的时候，这两个家伙把区寄扔在一边，取出酒，坐在路旁两人对饮起来，一个家伙喝得大醉，把刀插在路边，倒头就睡。没喝醉的那个家伙认为区寄反正跑不了，就独自一个人跑到集市上去找买主了。小区寄把绑着手的绳子对着插在地上的刀口来回磨，一会儿就把绳子磨断了。他拿起刀把那个睡着了的人贩子杀死，拔脚就跑，逃命去了。

哪能料想，小区寄刚跑出不远，到集市上去的那个人贩子也回来了。巧得没法再巧，两人相遇。那家伙一见，举起刀要杀区寄。区寄急中生智，连忙说："要我做你们两人的奴仆，不如做你一个人的奴仆。你要是不杀我，叫我干什么都行。"这家伙心想，与其杀了这小孩，不如卖了他合算。伙计已死，卖得钱我一个人独得。于是他把同伙的尸体，拖到灌木丛里藏了起来，然后把区寄捆结实，带到了集市上的买主家里。买主把区寄关在灶房里。这个人贩子和买主喝酒去了。酒后，这个人贩没能走，也住在买主家里，睡觉去了。小区寄哪能睡得着，他一门心思在想着怎么能逃跑。到了半夜时候，小区寄把身子慢慢地转到火炉旁边，把身上的绳子凑到火上去烧。绳子烧断了，可他身上也烧伤了。他忍着疼，拿起刀，找到人贩子举刀便砍。这家伙挨了几刀，大叫几声，蹬蹬腿死了。买主和邻居惊醒起来，围着小区寄。区寄不慌不忙地对大伙说："我叫区寄，两个贼人要把我卖掉，是我杀死了这两个家伙。我愿到官府里去说理。"集市上的官吏找了两个人把区寄绑好，押送到官府去。

事有巧合，这里的刺史颜证，是常山太守兴兵讨伐安禄山的大将颜真卿的孙子。颜证很有他爷爷的遗风，秉性刚直，不畏权贵，办事公正，敢于惩恶扬善。颜证审问了区寄以后，很赞赏这孩子的勇敢行为，不但不治他罪，还要留他在官府里做

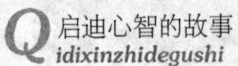

个小官。区寄不肯，颜证就派人护送他回乡，这件事在区寄的家乡传开了，别的人贩子听了都伸舌头，再不敢从区寄的门前经过了。

怀素学写字

书法，是我们民族特有的一门艺术。我国历史上产生过许多书法家，留下了许多书法艺术作品。唐代后期，怀素就是一位杰出的书法家，他以"狂草"著称。什么叫"狂草"？就是写的字笔势放纵，连绵回绕，字形变化繁多，可又很有法度。在书法中把自己的思想感情抒发出来。怀素把草书推入了新的境界，把我国书法艺术推入了一个新的高峰。

怀素学习写字，下了极大的工夫。他生活穷困，买不起纸，就在院子里种了一大片芭蕉树，采下那又宽又长的芭蕉叶，当纸练习写字。芭蕉叶用完了，就做了一个木盘和一块木板，刷上漆，在上面练习写字。时间长了，把木盘和木板都写穿了。他写字用过的废笔，都扔在院子里的空地上。久而久之，积聚了一大堆，在上面盖上土，埋起来，取名叫笔冢。

怀素喜欢喝酒。他喝酒喝得大醉，酒醉兴发，呼叫奔走，拿着笔，遇见可写字的地方，就奋笔疾书。因此，在他住的寺庙的墙壁上，用的器具上，自己穿的衣服上，都写满了字。他作过一首诗，描写自己写字的情景，说："粉壁长廊数十间，兴来小豁胸中气。忽然绝叫两三声，满壁纵横千万字。"

怀素年轻的时候，跟书法家邬彤老师学习书法，晚年的时候，从长沙跋涉来到长安，向大书法家颜真卿求教。颜真卿对他说："学习书法，除教师传授的以外，还应该有自己的独创。"当怀素学业结束，向颜真卿告辞回乡的时候，颜真卿对他说："你说邬彤老师说，'草书的竖划，要写得像古钗脚'，哪里比得上屋顶漏痕呢？"屋顶上漏雨，雨水顺着墙壁往下流，流到不平坦的地方，就会悄悄一折，从一旁继续流下去。于是墙壁上留下了一道并不是一泻到底的痕迹。这个比喻是说，写竖划的时候，不可一泻直下，手腕要轻轻的时左时右，顿挫生姿。怀素仔细琢磨，觉得开窍，可以解决竖划写不好的问题了。颜真卿又问怀素说"你自己有什么心得吗？"怀素回答说："我作草书就像夏天的云彩，奇峰异嶂，没有一定的势态；等风一吹来，那云彩就变化无穷，形成各种自然的姿态。"颜真卿听了十分欣赏，高兴地赞叹说："噫！草书的渊源奇妙，一代一代都有人传了下来。你刚才的话，真是从来没有听说过的要领啊！"

怀素晚年，书法艺术达到了炉火纯青的地步。大诗人李白曾写诗赞道:"飘风骤雨惊飒飒,落花飞雪何茫茫!起来向壁不停手,一行数字大如斗。恍恍如闻神鬼惊,时时只见龙蛇走。"

学习要有创造性,要有所发展,那种呆板地摹仿着学,生搬硬套生吞活剥地学,这不是真正地学习。

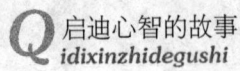

石敬瑭断案

石敬瑭是沙陀人。他在任后唐的河东节度使时，曾断过这样一个案子。

一次，一家客店的老板娘到衙门里告状，说是她在地上晒的谷子，被一个军士的马给吃了。军士辩解说，他的马没有吃老板娘的谷子。两个人争执不下，问案的官吏无法判断。这案子闹到了石敬瑭这里。石敬瑭问老板娘说："那军士的马真吃了你家的谷子？"老板娘说："那军士的马真的吃了我家的谷子。"石敬瑭又问那军士说："你的马真的没吃老板娘的谷子。"那军士说："我的马真的没有吃老板娘家的谷子。"停了停，石敬瑭对问案的官吏说："被告和原告都说自己有理，这案子问是问不出来了。你何不把马杀了，破开马的肚肠看看，要是里面有谷子，证明老板娘告状有理，应该把那军士杀了；

要是马肚里没有谷子，证明老板娘是诬告，就应该把老板娘杀了。"问案的官吏叫人立即把马杀了，破开马的肚肠一看，里面真没有谷子，在事实面前，老板娘无话可说，被定为诬告罪给杀掉了。

就为这么一件小事，随随便便杀人，说明石敬瑭问案有办法，有点小聪明，但也可以看出他为人残暴。后来，石敬瑭虽然做了后晋皇帝，但他也是一个昏庸无道的暴君，是我国历史上第一个认贼作父、卖国求荣的叛徒。

选用干部，一定要坚持德才兼备，唯贤是举的路线。正像陈云同志生前讲的那样：有德有才的人要用；有德少才的人也要用；有才缺德的人坚决不能用。

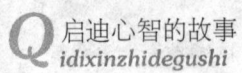

杯酒释兵权

"陈桥兵变",赵匡胤迫使后周皇帝柴宗训禅让,自己当上了皇帝,建立宋朝,他就是历史上北宋王朝的宋太祖。

赵匡胤当了皇帝,没有高枕无忧,他反复思考:怎样才能确保他的统治。他问大臣赵普:"自从唐末以来,几十年中间,帝王换了好几个姓,篡夺相连,变乱不停,不知原因在哪里?我想让天下停止战乱,为国家安定建立长久之计,究竟应该怎么办?"

赵普回答说:"这是由于藩镇权太重,君弱臣强。如果夺他们的权力,控制他们的钱粮,收他们的精兵……"不等赵普说完,宋太祖马上说:"你不用讲,我已经明白了。"

公元961年秋,一天晚上,宋太祖约请石守信等一批将领饮酒。宋太祖乘着酒兴对众将说:"要不是靠你们出力,我不会有今天。不过，做了天子，也实在艰难，还不如做节度使逍遥自在。如今我简直没有一夜睡得安稳。"

石守信等听了，觉得非常奇怪问道："陛下还有什么可忧虑呢？"宋太祖说："这个位置，谁不想坐呢？"石守信等听出话中有话，便说："如今天命已定，谁还敢有其他想法？"宋太祖苦笑着说："你们虽然没有其他想法，但是如果有朝一日你们的部下贪图富贵，也把黄袍披到你们的身上，你们即使想不做，恐怕也由不得你们了。"石守信等大吃一惊，一面哭泣，一面叩头，说："我们实在太笨，想不到这一点，请陛下指给我们一条生路。"

宋太祖意味深长地说："一个人的生命很短促。贪图富贵的人，不过想多积攒些金银，享福安乐，使子孙不会贫穷罢了。我为你们打算，不如交出兵权，到地方上做官，购置些好的田地房屋，为子孙留些产业，再多买一些舞女，常常饮酒作乐，过一辈子，我再和你们联婚，君臣之间没有猜疑，上下相安，难道不好吗？"

这一番话，既是劝告，又是警告。石守信等人一听，赶忙向宋太祖叩头谢恩。

第二天，石守信等人推说有病，请求辞去军职。宋太祖十分高兴，对他们假意安慰一番，赏赐大量财物，解除了他们的兵权，安排到地方去做官。只有石守信留在禁军中做官，但没有实权了。这就是"杯酒释兵权"的故事。

启迪心智的故事

宋太祖所采取"杯酒释兵权"、"逐却残星和明月"加强中央集权的措施,对于结束唐末以来,藩镇割据,战争不断,国家长期分裂,王朝不断更迭的混乱局面,维护国家的统一,起到了重要的作用。他不愧是我国历史上一位有才能的政治家。

杨继业被害

宋太宗雄心勃勃，北汉刚平定，宋太宗就想乘胜攻打辽国，夺回燕、云十六州。但是，他缺乏充分准备，仓促出兵，幽州之战失败了，从此，宋辽之间种下了战火的种子，经常爆发战争。抗辽中杨家将的事迹最为动人。

杨家将最早的统帅是杨继业，他本是北汉的大将。北汉被宋朝平定后，他就做了北宋的大将。因为他英勇善战，屡立战功，威望很高，人们称他"杨无敌"，因此，也引起了一些大官僚的妒忌，潘仁美就是为主的一个。

公元986年，宋太宗看到辽景宗死后，辽圣宗即位。圣宗年幼，只有12岁，辽国政局不稳，宋太宗认为收复燕、云十六州的机会来了，下令分兵三路攻打辽国。东路由大将曹彬带领主力部队，向幽州前进；中路由田重进带领军队，攻取河北

启迪心智的故事

西北部和山西东北部各地；西路由潘仁美带领军队，攻取山西北部各地。最后三路合兵，收复幽州。杨继业就在西路军中，做潘仁美的副将。

三路军英勇作战，捷报频传，短时间内收复了不少失地。正当节节胜利的时候，不料东路军在涿州打了败仗。宋太宗看主力部队打了败仗，连忙下令退兵。并下令西路军潘、杨负责掩护寰、朔、应、云四州百姓迁到内地。可是，寰、应两州已丢，云州远在敌人的背后，朔州就在敌人身旁，要疏散那里的百姓，非常困难。杨继业根据多年来跟辽国作战的经验，提出了一个比较稳妥的作战方案。他说："现在敌强我弱，应当暂时避开敌人的锋芒，不能硬打。我们先佯攻应州，敌人一定派大军前来迎战。我们派人密跟云、朔两州的守将送信，要他们抓住这一有利时机，赶快带领百姓往南走。我们再派三千精骑在中路接应，百姓就可安全撤退转移。"杨继业刚说完，监军王侁反对说："我们有几万精兵，为什么这样胆小害怕！应该走雁门关北面的大路，向朔州行进，然后攻打寰州。"他还嘲讽杨继业说："将军向来号称'无敌'如今看到敌兵，就停滞不前，不肯打仗，难道你还有其他的想法吗？"

杨继业十分气愤。他不愿和王侁争论，横下心来，说："我不怕死，只因时机不到，不愿让士兵白白送死。你既然这样责怪我，我领兵前去就是了。"

潘仁美精通兵法，明知这样出兵凶多吉少，但他早就妒忌杨继业，因此不加阻拦。杨继业领兵出发时，流着眼泪对潘仁美说："这次出兵，一定不利，我原想等待时机，为国家杀敌立功，现在，我要先死在敌人手里。"接着他又说："你们在陈家谷准备好步兵弓箭，接应我们。"说完，带领人马直奔朔州。一同前往的还有他的儿子杨延玉和岳州刺史王贵。

辽军听说杨继业前来，出动大批军队把宋军团团围住。杨继业父子和其部下，虽英勇作战，毕竟寡不敌众。他们从中午一直打到傍晚，只剩下一百多人了，很不容易突出重围，边战边走向陈家谷退却，指望潘仁美前来接应，哪里知道潘仁美的军队早已离开了陈家谷。

杨继业带领一百多人，转战到陈家谷，不见宋军人影，失声痛哭起来。他决心以死报国，对部下说："你们各有父母妻儿，不必跟我一道死，赶快夺路逃走，好回去报告朝廷。"部下部感动得哭起来，没有一个人肯逃走。杨继业只得带领将士，继续跟敌人奋勇作战。部将王贵壮烈牺牲，杨延玉也在战斗中英勇献身。这时候，杨继业身上已经受了几十处伤，剩下的将士也不多了，他仍然坚持战斗，杀死了很多敌人。因为战马受重伤，跑不动了，他跑到树林中躲起来，被敌人发现，给抓住了。杨继业被俘以后，坚贞不屈，绝食三天，以身殉国。

自古忠臣死于奸臣手。这就给人以教育：忠良之将既要有侠肝义胆，忠烈之精神，又要学会斗争，不要感情用事，有自我保护之策略。

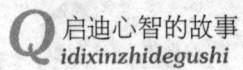

包拯巧断牛舌案

包拯是今安徽省合肥市人。28岁就考中进士，开始了官场生涯，曾任过副枢密使。长期以来，民间流传着包拯很多故事，加上小说、戏曲的渲染，包拯成为传奇式人物。人们称他为包公，很少提起他的真名字。

包拯刚正不阿，不畏权贵，执法如山，铁面无私，上到皇亲国戚、权贵大臣，下至平民百姓，都没办法在包拯那里走通关节，逍遥法外。他早年在天长县做官时审理过这样一个案子，叫牛舌案，至今被人们传颂着。

有一天，一个农民来告状，哭着说："我家的耕牛，不知被谁割掉了舌头，请官府追查。"包拯仔细向这个农民盘问了一番。他估计这是冤家所害，但又没办法证实，只好说："你先回家去吧。"农民哭着说："官府不允许屠杀耕牛。如今这头牛血流不止，不能吃草，眼看就要饿死了，怎么办好？"包拯说："你把这头牛杀了卖肉吧。"农民无可奈何地走了。

过了两天，有人来告状说："有人竟敢违反官府命令，私杀耕牛，卖肉赚钱。"包拯一问，原来被告就是上次来告状的农民。包拯问告状人："你知道他为什么杀耕牛吗？"那个人吞吞吐吐地回答说："好像听……听说，牛舌头被割……割掉了，如今他私卖牛肉，那割牛舌头的事，就值得怀……怀疑了。"听到这里，包拯心里已明白八九分。他马上沉下脸来，严厉责问："你为什么偷割人家的牛舌头，还反来告状？"那个告状的人大吃一惊，双腿一软跪了下来，伏在地上直磕头认罪求饶。牛舌案真相大白了。从此，老百姓传颂包公断案如神。

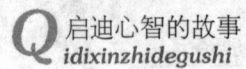

王安石变法

　　王安石是今江西抚州市人。少时就爱读书,诸子百家的书,《难经》、《素问》、《本草》等书,无所不读,看过的书终生不忘。他文思敏捷,写起文章来,动笔如飞,给人以不经意之感。写成之后,见者莫不称妙。大文学家欧阳修见了,也称赞不已,为之扬名。他的文风雄健峭拔,以揭露时弊为主,反对虚言无实。成为唐宋文学八大名家之一。他22岁那年就考中进士,以后就在地方上做官。

　　公元1067年,宋英宗的儿子赵顼继位做了皇帝,就是宋神宗。宋神宗是个有作为的皇帝。他在做太子的时候,就了解王安石是个很有学问和才能的人。因此,他当了皇帝以后,就任命王安石任江宁知府,接着又调王安石京城做官,封翰林学士,兼侍讲。

公元1068年，宋神宗召见王安石，问道："宋朝开国以来，祖宗守天下，能够百年之久，没有大的变故，保持太平，用的是什么办法？"

王安石经过认真思考，写了一篇奏疏。他在奏疏中说，百年无变故原因：人尽其才，除苛政，止虐刑，废藩镇，诛贪官，以安民为先。继而他又在奏疏中指出当前之弊政：不与群贤议政，而让宦官、女子视事；任人唯亲，取才唯诵诗赋；水利失修，赋役繁重；理财无方，财政困难；边兵疲老而不更新训练，这种局面不可能长久维持下去。如今皇上正是大有作为的时候，望陛下能为国家做一番事业。

宋神宗看了这篇奏疏深为震动，坚定了他改革的信念。这篇奏疏成为他们君臣推行变革的政治基础。神宗又一次召见王安石说："卿所设施，很好，以何为先？"王安石说："变风俗，立法度，是当务之急。"宋神宗连连点头称是，采纳了王安石的建议，即制置三司条例司，负责变法事宜。通过这个机构，制订了新法，颁布天下。

新法的内容有（一）青苗法；（二）免役法；（三）农田水利法；（四）方田均税法；（五）保甲法。

新法推行，成绩显著。疏导许多河流，兴修水利一万多处；朝廷收入激增，物价下落；组织义勇军和民兵718万，成为抗金的主要力量。

新法推行，困难重重，它触犯了大地主的利益，遭到大官

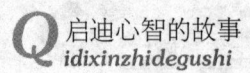

僚大地主的强烈反对，咒骂王安石。

当时，正赶上有个地方发生地震和山崩；有的地方又发生特大旱灾，灾民们扶携塞道，羸瘠愁苦，身无完衣。神宗忧形于色，长吁短叹。反对派把这些自然灾害同变法联系起来，归罪于新法。仁宗的曹后、英宗的高后，两皇后拼命攻击，哭着对神宗说："王安石把天下搅乱了。"

由于反对派势力强大，反对十分激烈，最后，神宗也逐渐动摇起来。王安石被迫两次辞职，从此就再没出来做官。神宗死后，马后执政，反对变法的司马光掌握大权，新法被废了。北宋失去了难得的"中兴"机会，从此加速走向了下坡路。

这篇故事给人以教育：社会是在发展中前进，社会发展到一定阶段，就要出现一些社会弊政。这些弊政靠什么办法解决？只有靠改革！

范仲淹推行新政

范仲淹苏州吴县人，是宋代著名的政治家、军事家、文学家。从小亡父，家境贫寒，为了生活，母亲不得不带着儿子改嫁一姓朱的人家。范仲淹住在一个破庙里读书，在艰难的环境中苦读了五六年，后来终于成了一位学问家。

范仲淹原来在朝中当一名谏官，因为向朝廷揭发宰相吕夷简滥用职权任用私下人，触犯了吕夷简，反咬范仲淹交结朋党，调拨君臣关系。宋仁宗听信后，遂把范仲淹贬谪南方，直宋夏战争发生，才把他调陕西防守。

由于范仲淹军纪严明，关心百姓疾苦，注重减轻人民负担，在宋夏战争中立下大功。宋仁宗见他是个人才，调他回京，任用他为副宰相，负责治理朝中的内政腐败。

范仲淹一回到京城，宋仁宗马上召见，要他提出安邦治国的方案。范仲淹提出了十条改革新措施：

一、严格限制大臣子弟靠父辈关系得官，消除朝中存在的臣子关系网和裙带关系的不正常风气。

二、对官吏定期考核，根据他们的政绩多少，表现好坏进行启奉选用，或降或免，奖罚分明。

三、改革科举制度，建立新型的用人机制。

四、慎重选拔任用地方官吏，广纳天下贤士，公正、平等选拔人才，能者上，庸者下，实行任人唯贤，不搞任人唯亲。

另外几条多为提倡农桑、减轻劳役、加强军备、严格法令等的朝纲条文。

范仲淹的十条改革新措施，历史上称为"庆历新政"。

宋仁宗看了十分赞赏，批准实施。为了推行新政，范仲淹审查了官署名单，发出有贪赃枉法行为的人员，便提起笔来把名字圈去，重新更换新人选。一次，富弼看了对他说："范公，你这一笔圈下来，可害得一家人哭鼻子呢"。

范仲淹毫不含糊地严肃说："要不是一家人哭鼻子，那就害了一方的百姓都要哭鼻子了"。

富弼听了，佩服范仲淹的卓识远见，处事高明，有魄力。

范仲淹的新政一推行，就捅了马蜂窝。一些皇亲国戚、权贵大臣、贪官污吏到处散布谣言，攻击新政，尤其对范仲淹抱不满的大臣们，天天上奏皇上，说范仲淹的坏话。范仲淹被逼得京城呆不下去了，就自动要求回陕西镇守边境去了。

范仲淹推行新政

范仲淹一走，在大臣们的上书起哄下，宋仁宗不得不下令把"新政"全部废止。

范仲淹为了改革政治，受到极度打击，但是他并不因为个人的遭遇感到后悔。他是一个有远大抱负的人，"先天下之忧而忧，后天下之乐而乐。"是他思想感情真实写照。

（王亚东）

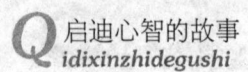

范仲淹的名节

范仲淹年青时代在今鲁中白云山醴泉寺读书时，曾立下誓言："读天下书，穷天下事，以为天下之用"。当时他每天熬出两升小米稠粥，盛于一器皿凉凝后划作四块，早晚各取两块，撒上几根断韭和少许盐花，即聊以为食，"昼夜苦学"。三年后进入应天书院深造，他仍保持"清苦潜心"的学风。有一次宋真宗皇帝驾临应天府，同窗们都出来一睹圣颜，惟范仲淹"足不出户"。同窗们惊疑而问："何不前往一睹圣颜？"范仲淹坦淡而答："改日再见不晚。"言下之意一旦金榜题名，必当有缘面君。

1015年，范仲淹及第进士，授命为广德军司理参军。这年他27岁，初仕途，生气勃勃。关于君臣之道，他有自己的信条，那就是："直言——乃臣节之常守。"1028年，在他首次奉诏进京授命为秘阁校理之职不到一年之时,即因"奏请太后还政予帝",而被贬为河中府通判。因他常敢说一般京官欲说而不敢说的话,僚友们为他送行时称赞说:"此行极光!"五年之后,太后归天,仁宗亲政。范仲淹奉诏回京任右司谏之职,不料当年年底,"闻过随谏"的谏官范仲淹,又因力谏"皇后不可废",第二次遭贬出京知睦州。僚友们为他送行鼓励说:"此次愈光!"范仲淹怀着"雷霆日犯,始可报君亲"的信念,仍对宋仁宗抱有希望,忠直如故。1035年,鉴于范仲淹在苏州治水有功,和他在士大夫中的声望,仁宗帝又诏他回京,并很快由礼部员外郎进为吏部员外郎兼知首都开封府。这使早已致力于整顿地方吏治的范仲淹,有机会干预国朝中央的吏治。他把京官晋升情况制为一幅《百官图》献给皇帝,并一一指出谁为正常升迁,谁是唯亲提拔,对当朝宰相吕夷简的结党营私大胆揭发。吕夷简知道后,气急败坏,倒打一耙,以"朋党"罪名,动摇了仁宗对范仲淹的信任,使范仲淹于1036年第三次被贬出京知饶州。亲朋故友与他送行时安慰地说:"此行尤光!"范仲淹豁然畅笑说:"仲淹已前后三光矣!"

"持一节以自信,历三黜而无悔"的范仲淹,一如既往,"救民族于一方,分国忧于千里"。1043年5月,宋仁宗又诏令远在延州守边垂功,已有"儒将"才望的范仲淹进京,升为最高军事机构枢密院副使。同年八月,又颁诏范仲淹任参知政事。九月,皇帝特开天章阁,召见范仲淹等新任大臣,"赐座，给纸笔"，命他们条陈当前之急务。范仲淹把他数十年孜孜以求的救世理想，写成革弊布新的《十事疏》呈给皇帝。仁宗欣纳，从当年十月开始，即诏令全国施行。这年是宋朝庆历三年，这场紧锣密鼓的革新运动，被称做"庆历新政。"

　　由于历史条件的种种局限，推行"庆历新政"阻力重重。颁行不到一年，举足轻重的仁宗皇帝，在关键的时候主意变了。于是，处在"议刑则不避上疑，革侥幸则多招众怨"的情形之下，范仲淹深感"心虽无愧，迹已难安"，便自请宣抚河东、陕西，辞京赴外。自此再没回京，而他犹"不以毁誉累其心，不以宠辱更其守"，五易名城，始终忠心耿耿。1052年，范仲淹在"扶病上道"赴颖州的途中，病情恶化，留下《遗表》，与世长辞。按照当朝的恩荫制度，大臣可为子孙后代请求恩泽写在遗表中。而范仲淹《遗表》中"无一语干私泽"。宋仁宗"以其遗表无所请，使就问其家所欲为，赠以兵部尚书。所以谓恤甚厚"。范仲淹为政所到之州，"民多立祠画像"，永为纪念。王安石曾在祭文中感叹："呜呼我公，一世之师，由初迄终，名节无疵。"范仲淹可谓是"一生猝然无疵"的千秋师表。

（王亚东）

欧阳修上书宋仁宗

欧阳修是历史上著名的文学家,庐陵人。欧阳修自幼家里很穷,4岁丧父,随母去随州投奔叔父。母亲用荻草秆在地上教他学识字。

欧阳修10岁时酷爱读书,一天,他从纸篓里发现一本旧书,翻阅时,方知唐朝文学家韩愈的文集,读后觉得文笔流畅,说理透彻,于是认真琢磨。几年后,他进京考进士,连考三场,均获第一名。

欧阳修20岁那年,文学上已有了名气。他官职不高,却十分关心朝中大事,得知范仲淹被贬,十分气愤,由于他同情和支持范仲淹而被降职,四年后才回到京城。

有一回,欧阳修为了支持范仲淹新政,得罪了朝中一些权贵大臣,被诬陷罪名,后又贬谪滁州。

启迪心智的故事

欧阳修到滁州后,常常游览山水,他的散文《醉翁亭记》便是他的杰作。

欧阳修在滁州当了十多年的地方官,后来仁宗念起他的文才,把他调回京城,担任翰林学士。其间,他积极提供改革文风。这年,京城考进士,朝廷派他任主考官,他认为这正是他选拔人才、改革文风的大好时机。在阅卷时,发现华而不实的文章,一概不录取,结果一批人落了榜,十分不满。一天,欧阳修骑马外出,半路上被一群落榜人拦住不让前行,吵吵嚷嚷地辱骂他。后来,巡逻的士兵走过来,才把这伙人驱散开。

经过这场风波,欧阳修虽然受到了一些压力和阻挠,但是考场上的文风却就此发生了变化,大家都开始写内容充实和朴素的文章了。

欧阳修改革文风,发现人才,对原来一些并不那么出名的人物,经过他的赏识、提拔、推荐,一个个都成了名家,最出名的是曾巩、王安石、苏洵及他的儿子苏轼、苏辙等。因此,在中国文学史上,人们把欧阳修等六大著名散文家和唐代的韩愈、柳宗元并列起来,称为唐宋八大名家。

欧阳修是个正直敢谏的人,当范仲淹被排挤离开朝廷以后,他同情富弼,因为支持"新政",被诬陷为范仲淹的同党革职罢官。韩琦替范仲淹、富弼辩护,受到牵连。当时,不少人也都同情支持范仲淹,但谁也不敢出来说话,只有谏官欧阳修大胆上书,直言宋仁宗,他说:"自古以来,坏人陷害好人，总是说好人是朋党，诬陷他们专权压夺……范仲淹是国家栋才，为什么要革职罢官？如果全听信坏人的话，只会让坏人当道，好人受气。"当正气还压不倒邪气的时候，坏人总是害怕真理，他们坚持固有的传统旧观念，反其道而行之。把自己的意志、幸福全建筑在别人不幸与痛苦的基础上而后快！

（王亚东）

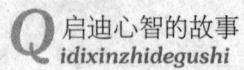

狄青出任枢密使

宋夏战争，宋军战事指挥不力，人才匮乏，连吃败仗。

韩琦、范仲淹来到陕西后不久便有人向他举荐，当地军营中有个名叫狄青的人，最英勇善战，大有将才风度。若能启用，战夏必胜也。范仲淹一向重视人才，听说有此人，大喜，要部下将他的战绩报上来。

原来，狄青是京城禁军里的普通一兵，因为他骑马射箭练得一身好武艺，后来被升为军中的小军官。

西夏元昊称帝后，宋仁宗派禁军去边境防守，狄青随军来到陕西保安。不久，元昊发兵保安，宋军兵败，宋将卢守懃无策，狄青奋勇抗击西夏军，卢守懃便拨给他一支兵马让他指挥打仗。

狄青上阵前披头散发，头上戴上一个铜面具，只露两只炯

炯有神的眼睛，手持长矛枪，冲锋陷阵，攻进敌军营，奋勇刺杀。西夏军顿时大乱阵脚，纷纷败逃，狄青打了胜仗。宋仁宗十分高兴，遂把卢守勤提升了官职。狄青连提四级，把他调进京城，正当皇帝准备亲自接见时，西夏军又开始了进犯渭州。宋仁宗接着又派狄青前往抵抗，嗣后叫人给狄青画了一张肖像送给朝廷。

西夏军强大，不甘失败，经常进犯宋朝疆域，弄得边境很不宁静。后来，狄青前前后后共参加了 25 次抗击西夏军战斗，受了 8 次箭伤，仍均取胜，从未失败过。嗣后，西夏士兵一闻听狄青的名字，便胆战心惊，败阵脱逃，不敢交锋。

范仲淹听了部下的推荐，立刻召见狄青，问他什么学识，狄青出身低下，识字不多。范仲淹对他讲："你现在是个军官了，带兵打仗，如果不能博古通今，光靠个人勇敢是不够的，要多读书，博学达文。"

狄青受到范仲淹的鼓励后，利用一切空余时间刻苦学习，勤奋读书。他把秦汉时期的兵法背得滚瓜烂熟，交战时屡战屡胜，大立战功。接着不断提升，随之而来的名声也越来越大了。后来，宋仁宗把他调回京城，委任军马副都指挥。

当时，宋朝军纪特别严格，军队还有个残酷的制度，那就是为了防止士兵私下开小差，在面部刺上字。狄青在当士兵的时候，脸上被刺上了字，后来提升为大将军，脸上刺字仍存。有一次，皇上召见他，见他面部仍留着黑字，狄青作为朝廷大官,有失宋朝体面,让他回家用药把黑字除掉。狄青说:"陛下不嫌我出身低微,按战功从一个普通士兵,把我提升为朝中大将,很感激。至于脸上的刺字,我愿保留着,好教育下边士兵,让兵士们看了也好知道怎样为国杀敌,报效朝廷,以求上进。"

宋仁宗听了他的一番话,觉得言之有理,倍加赏识、器重他。后来因为狄青屡立战功,被提拔为掌管全国军事大权的枢密使。一个士兵出身的人,直线提升,最后当上枢密使,这是宋朝历史上的特例。可是,也有些大臣,嫌狄青出身低下,上奏宋仁宗不该把他提拔为高位。但是,宋仁宗这时朝中正缺保江山的栋梁,正当用人之机所以没有听信诸大臣的奏言。

狄青当上了枢密使,朝中老臣不服气,总有人认为他的出身和现有的地位大不相称。为了这,后来有人出主意,让狄青认唐朝名相狄仁杰为自家祖宗,这样就再不敢有人说你出身低了。

狄青生气地说:"我本来就是这样,论功提拔,凭本事上来的,我求什么高门贵族,认什么祖宗。我不怕有人说我出身低,我也不愿去借别人的光炫耀自己,那算什么人。今天皇上给我这个高位,我就要。管他们小人之见,让他们爱怎么说就怎么说去吧,反正我本人是忠于皇上的……"

(王亚东)

沈括舌战杨益戒

宋真宗以后,辽国欺宋朝软弱,想进一步侵占宋朝领土。公元 1075 年,辽派大臣萧禧到东京来,要求划分宋辽边界。宋神宗也派出大臣来跟萧禧谈判,为了各自疆土完整,双方在谈判桌上争论不休,谈了好多天也没结果,当时萧禧提出黄嵬山(今山西原平西南)一带 30 里地方应划归辽国。可是宋朝谈判的大臣不了解那里的地形,明知萧禧提出来的是企图割让土地的强硬态度,也没法反驳他。后来,宋神宗又另派沈括谈判。

沈括,杭州钱塘人,原为支持王安石变法的官员。他不仅办事灵敏,认真细致,而且精通地理。他从枢密院档案中找出来过去议定边界的文件,明文写着那片土地是宋朝的。宋神宗听了很高兴,让沈括绘制成地图给萧禧看,萧禧在事实面前才没了话说。嗣后,宋神宗又派沈括出使辽朝京城(今内蒙古巴林左旗南)。沈括在未赴辽国之前,他首先收集了大量宋朝疆域的地理资料,来到辽国上京,跟辽朝宰相杨益戒谈判边界。辽方凡提出每一个问题,沈括都对答如流,有凭有据,出口成章,有理有力。弄得杨益戒没话说了,于是便板起脸孔蛮横地讲:"你们连这点土地都不肯让,难道想跟我们断绝友好关系吗?"可是,沈括也不示弱,理直气壮地说:"你们背弃过去的盟约,想用武力来胁迫我们,那好,我们也只能以礼相待,绝不能出卖土地,拿原则做交易。真要闹翻了,我看,你们也未必得到便宜。谈判成功与否不在我方,全取决于你们的不合作,不诚恳态度。"

辽方官员经过一番争论舌战后,说不过沈括,为爱面子,还不想认输。同时,又怕闹翻脸了不好收场。辽国审思再三。觉得同沈括谈判搞僵了,对自己也没多少好处,于是也只好放弃无理要求。

沈括一行,从辽国谈判回来时,一路上把经过的大山河流、关口全制成地图带回东京献给皇上。宋神宗看了大喜,认为沈括这次谈判取胜,立于大功,于是拜他为翰林学士。

沈括为了宋朝边境的安全,特别注意地形的勘察,有一次,宋神宗派他到定州(今河北定县)去巡视。他化妆成猎人,待了20多天,详细考察了定州边境的地形,雕刻制成模型献给宋神宗。宋神宗看了颇感兴趣。第二年,又叫沈括编制一份全国地形图。不久,沈括受人诬告,被朝廷贬谪随州(今湖北省随县)。在那里,生活虽然艰苦,但他仍绘制地图。历时12年,沈括终于完成了一份当时宋朝比较完整准确的全面地图——即《天下郡国图》。

沈括不但在地理研究上作出了极大成就,而且他还是个研究兴趣广泛的科学家。例如天文、历法、音乐、医药、数学等领域,都颇有见解。后来,他担任司天监工作时,为了观察北斗星的位置,他一连三个月,每天夜晚用浑天仪观测,终于计算出了北极星的准确位置。

沈括晚年时,闲居润州(今江苏省镇江)的梦溪园。他把一生研究的成果写成了一本《梦溪笔谈》。书中记载了当时劳动人民的许多发明创造,其中特别有名的是毕昇的活字印刷技术。

沈括毕生精力为了宋朝江山;为了宋朝社稷;为了人类的进步事业,致力于科学研究,从不计较个人得失,不为名,不为利,死而后已。

(王亚东)

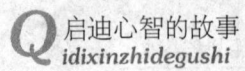

蔡京、童贯投机钻营

高太后掌了八年朝政,死后由宋哲宗亲政。年轻的宋哲宗不满当时的保守派。他临朝后,排除保守势力,重新启用变法派。但是后来的变法派,并不像王安石那样忠于朝廷,去真心实意地改革朝政,内部纷争不休。这时,一批投机分子纷纷跳出来,打着变法的幌子,乘机捣乱。变法还没有启动,宋哲宗便呜呼哀哉了。他的弟弟宋徽宗赵佶即位,朝政从此大乱。

宋徽宗当了皇帝后,不务正业,越加胡作非为,成了出名的浪荡公子。他不问国家大事,只知道一天到晚专门寻欢作乐。这时他身边的心腹宦官童贯,不辅佐他走正道,去管理朝政,专迎合他的心意,替他搜罗书画珍宝供他赏乐。有一次,童贯到苏州去搜集书画珍宝,当时有个不得志的官员蔡京想投靠童贯,每天陪他鬼混,并把自家的屏风扇送给他。童贯把这

些书画运送到东京,并捎话给宋徽宗,说他在苏州发现了一个难得的才华出众的人才,名叫蔡京。

蔡京来到京城,又拉拢了一帮子人替他吹捧。有个官员对宋徽宗说:"推行新法是件大事,朝中没人能干得了这桩事,如皇上非继承神宗遗志,蔡京是能胜其事的唯一人选。"

那个官员还画了一幅图画献给宋徽宗,上面列了许多朝臣的名字,把保守派写在右面,变法派写左边。右边的都是朝中大臣,但列在左边名单上的只有两个人,其中一个是蔡京,宋徽宗看了,很满意,赏识蔡京,于是马上决定让他当宰相。

蔡京打着变法的旗帜,把一些正直的官员,不论是保守派还是赞同变法的人,一律视其奸党清除。他还操纵宋徽宗在端礼门前立一块党人碑,把司马光、文彦博、苏轼、苏辙等120人称做元祐(宋哲宗前的年号)奸党,对已经故去了的削去官衔,活着的一律贬职流放。从而一些正直的官员被排除朝外。而蔡京一伙却步步高升。至于王安石制定的新法,到了蔡京手里全变了样。如免役法,本来可以减轻百姓劳役负担,蔡京一伙却不断增加雇役的税收,把新法变成敲诈人民的手段了。

宋徽宗、蔡京不学无术,迷信神鬼、迷信道士,大造道观庙宇。有位道士叫林灵素,在宋徽宗跟前胡说八道一气,声称:天上有九霄,最高一层叫神霄,神霄宫有个玉清王,是上帝的长子,宋徽宗就是上帝长子下凡,神霄宫还有仙官八百,蔡京、童贯就是仙官再世。一番胡言乱语居然把宋徽宗说得心花怒放，神魂颠倒，把无形的事情说得跟真的一样，经过道士一说，简直神乎其神了。可是，宋徽宗却信以为真，天天请一群道士进到宫里来讲道经。后来，道士们还给宋徽宗奉赠了个美称别号，叫教主道君皇帝，这一来，皇帝就成为道士头子了，道士们办什么事也容易多了。

宋徽宗一味尽情地追求享乐腐化的生活。童贯还替他在苏州、杭州收罗了数千名工艺巧匠，刻制象牙、牛角、金银、竹藤之类的雕刻或织绣品，供他玩赏。所有一切制作材料，均向老百姓索要搜刮。日子长了，久而久之，宋徽宗对这些玩意儿玩腻了，想另寻一些鲜花、奇草、怪石来换换新鲜。这时，蔡京、童贯为了讨好迎合宋徽宗，派二流子朱勔在苏州办了一个"应奉局"，专门采集珍贵花木怪石。朱勔专打听哪家百姓有精美别致的工艺品或器物，就以皇帝的名义索取，如有隐藏，毁坏或不肯交出，便以"大不敬"的罪名抓去坐牢，或者罚款；如遇有较大花木及贵重器物，不便拿走的，便派车马扒门、拆房、推墙进去装车拉走，在民间敲诈勒索，打砸抢，闹得百姓人心惶惶不得安宁。到处逃难流离失所，民不聊生。

朱勔把搜刮来的民财、花木、怪石一部分窃为己有，一部分运往东京，供皇上观赏使用。由于朱勔赢得皇上开心，宋徽宗便给他加官升职。后来，朱勔的官职越做越大了，于是一些达官贵族又不得不讨好朱勔。人们把朱勔主持经营的苏杭"应奉局"，又称做"东南二朝廷"，可见朱勔权力之大，威风抖擞了。

宗泽忠义报国

北宋灭亡以后，原留在相州的康王赵构逃到南京（今河南商丘）。公元 1127 年 5 月，赵构在南京即位，这就是宋高宗。定都临安（今浙江杭州）。历史上称为南宋。

宋高宗在舆论的压力下，不得不任用李纲当宰相。李纲主张抗金，奏明皇上，要收复东京，非用宗泽不可。宗泽是个坚决抗金的将领。北宋灭亡前，宋钦宗曾派他当过议和使，宗泽说："我这次出使，不打算活着回来。如果金人肯退兵就好；要不然，我就跟他们争到底，宁肯丢脑袋，也不让国家蒙受耻辱。"

宋钦宗见宗泽口气这么强硬，生怕得罪金人，惹出乱子，妨碍和谈。便又撤了他议和使的职务，派他到磁州去当地方官。

金兵第二次攻打东京的时候，宗泽一连打了13次胜仗，形势日趋好转。于是他写信给当时的康王赵构，要他召集各路将领会师东京；又写信给三个将领，要他们联合行动，救援京城。哪知道他们不但不愿出兵，反嘲笑宗泽说疯话。宗泽没法，只好单独领兵作战。

有一次，金兵用大于他十倍的兵力包围了他。紧急关头，宗泽对将士们说："今天进也是死，退也是死，我们一定要从死里杀出一条生路来。"将士们以一当百的英勇作战，杀退了金军。

宗泽在军民中有很大威望，他一到开封，先下了一道命令："凡抢劫居民财物者，一律按军法严办。"宗泽杀了几个抢劫犯，秩序便渐渐安定下来了。

这时，河北岸的人民仍遭金兵掠夺烧杀，纷纷组织义军，打击金兵。李纲竭力依靠义军力量，组织新的抗金队伍。宗泽积极联络他们，河北义军愿意接受他的指挥。

河东有个义军首领王善，聚集了70多万人马，想袭击开封。宗泽骑上马去见王善，流着眼泪对他说："现在正是国家危难之时，如果我们同心协力抗击敌人，金兵是不敢侵犯巳我们的。"

王善被他说动了，愿听从宗泽指挥。接着又同杨进、王再兴、李贵、王大郎诸路义军人马联合起来，共同抗金。

就在宗泽北上准备恢复中原的时候，宋高宗和黄潜善、汪伯彦嫌南京不安全，准备继续南逃，李纲反对，后被撤了职。

宗泽沿黄河修筑了24座堡垒，叫"连珠寨"，加上河东、河北各地义军军民互相呼应，开封周围宋军的防御力量越来越强大了。

这时宗泽一再上奏章，要求宋高宗回到开封指挥抗金战斗。但是奏章到了黄潜善等这伙奸臣手里，不但不让皇上看，反而取笑宗泽是一个"狂人"。不久，宋高宗又从南京逃到扬州。

嗣后，金太宗派大将兀术进攻开封。宗泽调遣驻守洛阳、郑州几千名精兵强将，绕到金兵后方，截断敌人粮草退路。然后又和伏兵前后夹击，把兀术打得狼狈逃窜。

又有一次，金将宗翰率领金兵攻占洛阳，宗泽部下郭振民、李景良带兵袭击宗翰，打了败仗。郭振民向金兵投降，李景良逃跑了。于是，宗泽派兵捉回李景良，责备他说："打败仗，本来兵家常事，可以原谅。可你逃跑，军纪就不容了。"说罢，下令把李景良推出斩首。

郭振民向金兵投降后，金将宗翰又派郭振民前来开封劝降。宗泽见了他大怒，便说："你如果在战场上战死，算个忠义鬼。现在你投降做了叛徒，还有什么脸来见我！"说着，喝令也把郭振民拉出斩了。此刻，随郭振民前来劝降的几个金将，见此情形，个个吓得面黄失色，不敢言语。宗泽军纪严明，指挥灵活，接连多次打败金兵，名声大振。这时宗泽兵力很强大，有力量收复保卫中原。于是他写了二十几道奏章，要求宋高宗迁回开封。可是奏章全被奸臣扣押了。这时，宗泽是年已七旬的老人了，他看不惯朝廷的昏庸，奸臣的霸道。他受不了这个气，病倒了。他躺在病床上对部下的将领们说："我因为国仇不能报，心里忧愤，得了病。只要你们肯努力杀敌，我死后也没有遗憾了。"将领们听了，感动得流下了热泪。他用唐朝大诗人杜甫的诗句勉励大家："出师未捷身先死，常使英雄泪满襟！"之后，合上了眼睛。

宗泽去世后，宋高宗派杜充做东京留守。杜充是个昏庸残暴之人，一到开封，把宗泽原来的一切防守措施全废除了。不久，中原又落到了金人手中。

（王亚东）

宋徽宗招降梁山泊农民起义军

梁山泊在现在的山东省梁山县境内。北宋初年，黄河决口，梁山附近很多田地都被淹没后，形成了一个方圆几百里的大湖泊，这就是历史上著名的梁山泊。这个大湖泊形成以后，附近的居民纷纷来到这里，依靠捕捞，采集蒲苇过活。

北宋统治者见梁山泊有利可图，就在公元1111年，把梁山泊收归朝廷所有，规定农民到湖中打鱼采蒲，都要按船计算，缴纳租税。官府每年收税十多万贯，遇到荒年，也不减免。农民交不起这样沉重的租税，无法生活下去，纷纷起来造反。梁山泊港汊纵横，水路复杂，再加上梁山形势险要，易守难攻，因此，很多贫苦的农民和渔民上了梁山，在宋江的领导下，点燃了熊熊的起义烈火。

当时，梁山上的农民起义首领并没有一百零八个，不像文学名著《水浒》中所描写的一百零八将，英雄形象栩栩如生，文学不等于历史，而实际是三十六个，据说，他们曾经在起义旗帜上写了这样的口号："来时三十六，去后十八双，若还少一个，定是不还乡。"有些起义首领，像杨志、史进、吴用、李逵等人，很多历史书都提到了他们的名字和事迹。这支农民起义军主要活动在山东、河北一带。他们打官府，杀地主，震惊了宋徽宗。徽宗派人镇压，但是起义军越战越强，他们采用流动战术，弄得官军晕头转向，不知怎样应付才好。

公元1121年2月，宋徽宗命令海州（连云港市）知府张叔夜镇压和招降宋江领导的农民起义军。当时，起义军已进入海州，抢到了几十只大船，装载着货物。张叔夜派人刺探到这一情况，便在近城地方预先埋伏好一些军队，又在海边埋伏了一些军队，然后引诱起义军在海边作战。正当双方打得激烈的时候，埋伏在海边的军队突然抢上船去，放起火来。起义军看到船上起火，没有心思再打。这时候埋伏在近城地方的敌人又一齐杀出来。起义军被官兵团团围困，宋江没有办法，只好投降宋朝。

梁山泊农民起义军没有远大的政治目的，只是打家劫舍，杀富济贫，难免失败。

黄天荡阻击战

宋高宗赵构即位后,一味妥协、求和、南逃,从商丘逃到扬州、镇江、杭州、绍兴、宁波、定海。最后索性在定海坐上海船,漂到温州的海面上,在船上建立他的朝廷。金兵一次又一次大举向南进攻,一路上势如破竹,直追赶到定海,又乘船追击,由于他们生长在北方,不习惯海船,加上遇到海上大风浪,翻了不少船只,死伤不计其数。金兵只好放弃追赶,在定海、宁波、绍兴、杭州等地方大肆掳掠以后,又自动撤回去了。

宋高宗吓破了胆,为保存自己,不顾抗战派的反对,以守则无人,奔则无地为由,又一次求和于金,"愿削去国号,是天地间皆大金之国"。表现出一副十足的奴才相,哪里还像是宋朝皇帝的样子。

宋朝抗战派的一些将领们，不管高宗求和，仍指挥军队奋起阻击，沉重地打击金军，立下了赫赫战功。其中韩世忠和夫人梁红玉共同指挥的黄天荡阻击战最有名。

韩世忠是宋朝有名的将领，勇敢善战，智勇双全。他的夫人梁红玉，武艺高强，又熟悉兵法，能协助他指挥军队。当时韩世忠正驻守镇江。韩世忠听说金军掳掠之后又要北撤，立即派出三路大军，一路驻守今江苏省青浦县北；一路驻守今江苏省宝山县南江湾镇；一路驻守海口，准备金军后撤时打阻击战。韩世忠安排就绪，又于建炎四年正月十五，在今浙江省嘉兴市张灯结彩，大闹元宵节。韩世忠大闹元宵节是给金兀术造成一种假象，逼迫他就范，放弃走青龙镇、江湾这条路，改走镇江一线，以便在镇江一举消灭他们。

金兀术听探子报告说韩世忠的主力在嘉兴市，就决定避开这条路，由镇江到建康，然后渡江北上。金兀术哪里想到韩世忠的主力正在镇江等候他呢。

建炎四年三月，金军到镇江，就发现形势不妙，长江渡口已封锁。金兀术想了解一下情况，就带着四员将领悄悄骑马到江边山上的龙王庙，准备向下瞭望。韩世忠早已在这里布下了罗网，庙里埋伏精兵二百人，山脚下的岸边埋伏精兵二百人，约定号令，山脚下的伏兵首先进攻，庙里的伏兵再杀出，前后夹击，活捉金兀术。可是庙里的伏兵见金兀术五人走上山来，没等号令，就杀了出来，金兀术见有伏兵，立即掉转马头逃命。山下的伏兵没能截住，金兀术逃走了。

金兀术回到大营，发现自己的十万大军已被包围在一个死港汊黄天荡里，渡江渡不了，后退退不成。无可奈何他只好派人来跟韩世忠约定决战的日期。到了决战那天，梁红玉亲自擂响战鼓，韩世忠率领将士冲杀。士兵见主将夫妇亲临前阵，受到极大鼓舞，个个奋勇杀敌，把金兵打得大败，夺得了许多武器马匹。

金兀术决战失败，就又改变办法，派人来向韩世忠求和，表示愿意把抢来的财物全部留下，只求放他们过去。韩世忠一口回绝了。金兀术又表示愿意把自己骑的千里马送给韩世忠，这可是金兀术的心爱之物，是一匹宝马，韩世忠还是不答应。

江北岸的金军听说金兀术被围困镇江，赶快派船来接应。韩世忠早已料到了这一步。他派海船停泊在江心的岛屿金山旁边，每船上载了许多力气大懂水性的士兵，手拿有铁链条的大钩，等敌人的船一靠近，士兵们甩出大钩，钩住敌船，把它掀翻在江心。金兀术只好又来请求韩世忠放他们过去。韩世忠回答说："放你们过去可以，但要有两个条件：第一，还我二帝；第二，还我大宋全部疆土。不答应这两个条件，你们休想渡过长江！"金兀术求和不成，打又打不赢，十万兵马被围困在黄天荡里已有四十多天，军粮快要吃完了，心里十分焦急。就在这时，有个无耻的叛徒告密脱逃出处，金兀术才得以逃脱。

黄天荡阻击战，韩世忠大败金兀术十万大军，在黄天荡整整被围四十八天。虽然，金军最后得以脱逃了，没能彻底歼灭他们，却沉重地打击了金军，扭转了南宋军队总是打败仗的局面，使金国统治者看到灭亡南宋的艰难。

胡铨被流放

金国大将金兀术被韩世忠、岳飞打败以后，又在和尚原被吴玠、吴璘打得狼狈逃窜，他想以武力来消灭南宋的愿望没能实现。金国在中原地区扶植起来的傀儡皇帝刘豫，也被宋军打得大败。金国把刘豫废掉了。从此，金国的统治者改变了策略，决定用议和代替攻战，想在谈判桌上获得在战场上所得不到的东西。

当时，南宋朝廷里抗战派和投降派斗争十分激烈。抗战派坚决反对议和，上书给宋高宗，要求放弃求和的错误做法，赶快重整军备，坚决抗战到底，并且要求皇上罢免奸臣秦桧等赞成议和的人。上书的人中数胡铨的言辞最激烈。

胡铨是枢密院编修官，是负责编写当时吏实的吏官。他从参加科举考试的时候起，就以敢于直言出名。他在奏章中说：

"大宋天下是祖宗打下来的,陛下的皇位是祖宗传下来的。怎么可以把祖宗打下来的天下送给敌人,把祖宗传下来的皇位变成金国的奴仆呢?陛下如果屈膝拜受金国称臣,子孙后代就都要变成金国的奴仆了。"他还说:"如今朝廷上的百官和军民都异口同声地说,投降派可杀。因此,我希望陛下杀秦桧、王伦、孙近三人以谢天下,并且把他们三个人的头用竹竿挂在大街上示众;然后把金国派来的使臣扣押起来,责问他们的无理行为,向他们兴师问罪。这样一来,三军将士就会勇气倍增,打起仗来一定能旗开得胜,马到成功。要是陛下不这样做的话,臣只有效法古代义不帝秦的鲁仲连,投东海而死,决不愿意在朝廷里苟且偷生。"

胡铨这份奏章,获得了朝廷大臣和广大人民群众的支持和拥护。凡是说到这份奏章的人,无不深受感动,连声称赞说:"写得好!写得好!真是说出了我们心里话。"就连金国统治者千金买到这份奏章看后说:"了不起!南朝还大有人在!"。

胡铨的奏章打中了高宗和秦桧心痛处,他们又生气又害怕。秦桧诬陷胡铨狂妄凶悖,想鼓动群众,劫持皇帝。他利用宰相的权力,下令撤了胡铨的官职,把他流放到广州,罚做苦工。

直到宋孝宗即位后,朝廷才把胡铨接回来,给他恢复了名誉,让他在朝里担任侍讲,胡铨的冤案得到了平反,忠心见青天。

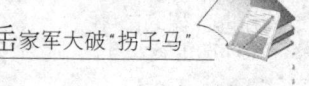

岳家军大破"拐子马"

绍兴和议,宋高宗接受了向金国称臣纳贡的屈辱性的议和条件。可是,金国并没有信守他们自己提出的和议条件,公元1140年5月,金兀术再次率领四路大军南侵。

金军的又一次南侵,激怒了南宋朝廷里抗战派将领,他们奋起抗战,打得金军损兵折将,大败而回。其中最有名的是宋军抗金主力部队岳家军大破金兀术的"拐子马"。

岳飞奉命到河南作战,抗击金兵南侵。战前他作了周密的部署,派牛皋、杨再兴分路向北进攻,收复河南失地;派原太行山区的义军首领梁兴渡河到太行山区,组织和领导义军,策应北上的宋军。他和儿子岳云驻扎在今河南省郾城县,准备抗击金军主力。

岳飞英勇善战,又有谋略,常常出奇制胜。他十分重视掌握敌情，做到知己知彼，百战不殆。

金兀术这次南侵，自认为手中有"王牌军"，一定能够取胜。所谓"王牌军"，就是三千名"铁浮图"，和一万五千多骑"拐子马"。"铁浮图"也叫铁塔兵，即连人带马都披上一身铁盔铁甲，枪扎不透，刀砍不进。"拐子马"就是作战时从两翼包抄的精锐骑兵，好像是铁塔兵的一副强有力的拐子。岳飞对这支"王牌军"的情况十分了解，有的放矢，昼夜操练军队，研究破法作好迎战准备。

岳飞跟金兀术在郾城展开决战。金兀术指挥铁塔兵和拐子马以排山倒海之势冲杀过来。岳飞指挥一批用钩镰枪的士兵应战。钩镰枪带有一个钩子和一弯镰，先用钩子把敌人的铁盔钩下来，然后再用弯镰割掉他的脑袋。又出动了一批刀斧手，遇到拐子马，专砍马腿。

两军一交锋，少年英雄岳云第一个冲向敌阵。他那一对大锤所到之处，敌人应声而倒。

战斗打得最激烈的时候，杨再兴带兵赶到，他单骑闯入敌阵，想要活捉金兀术。金兀术在手下人的保护下，狼狈而逃。杨再兴因为受伤，追杀一阵，杀死数百名金兵，安全而归。战斗从下午一直打到天黑，金军损失几万人马，大败而逃。

过了七八天，金兀术又拼凑了十二万兵马反扑过来。岳飞全力迎战，浴血奋战，歼灭了大批敌人。金兀术抵挡不住，只好仓皇向后撤退，岳飞乘胜进驻离汴京只有四十多里路的朱仙

岳家军大破"拐子马"

镇。他勉励将士说:"我们要一鼓作气,直捣敌人的老巢黄龙府(今吉林省农安县)。"

岳飞取得郾城大捷,岳家军威震四方。岳家军之所以战斗力强,屡战屡胜,是因为岳家军纪律严明,部队所到之处,秋毫无犯,做到"冻死不拆房,饿死不掳掠"。赢得了老百姓的拥护。就连金军的将士也曾说:"撼山易,撼岳家军难"。

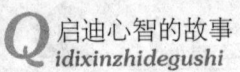

岳飞冤死风波亭

金兀术在郾城被岳飞打败,派密使送信给秦桧,说:"你天天喊着要跟我们议和,可岳飞正从河南向河北进军,这是为何?你们真的想和就要杀掉岳飞。"秦桧本来就怨恨岳飞,接到金兀术的信,他就决意设法谋害岳飞。

岳飞是一个爱护士兵、爱护百姓的统帅,他杀敌奋不顾身,战功显赫,威名远震。像这样一个精忠报国的名将,找什么理由才能置他于死地?奸相秦桧绞尽脑汁施阴谋、定诡计。他叫岳飞的仇人万俟卨编造谎话,上奏章弹劾岳飞。又叫何铸、罗汝楫两个奸臣编造罪名诬告岳飞。高宗不问真相,就罢免了岳飞的官。

秦桧一不做二不休。他听说岳飞的部下有个叫王俊的副统帅,常对岳飞有成见,怀有怨恨。他就把王俊收买过来,指使王俊诬告张宪和岳云共同谋反。然后把张宪和岳云逮捕入狱，严刑拷打，逼他们招供。张宪和岳云被打得皮开肉绽，却始终不承认谋反的罪名。

这时候，被罢官的岳飞在庐山闲居，秦桧把岳飞骗到临安，以谋反的罪名逮捕了他。岳飞向来襟怀坦白，对秦桧的诬告十分愤慨，他长叹道："如今我落入奸贼秦桧之手，报国的忠心全无法实现了！"岳飞是抗金名将，这案子关系太重大了，没人敢审理。秦桧只好把这案子交给奸贼万俟卨审判。万俟卨提出一些伪证据，郡被岳飞用事实一一驳了回去。万俟卨对岳飞动用了各种刑法，也没能迫使岳飞招供。万俟卨硬说岳飞、岳云、张宪曾给别人写信，策划一起谋反。岳飞叫万俟卨拿出信来对质，他却说信已经烧了。就这样，审来审去，连续审了两个多月，都没有办法定岳飞的罪名。万俟卨阴谋施尽，束手无策了，秦桧也没了主意。

转眼间冬天到了，岳飞、岳云、张宪三人被关在风波亭监狱里。屋里四面透风，他们没棉衣，日夜挨冻。老百姓听说岳飞父子被捕入狱，不相信他们谋反，都说这是坏人陷害的。许多人自动送来棉衣、被褥和各种食品，请求见岳飞一面。可是秦桧下令把人们送来的东西全部没收，还逮捕了一些来探望岳飞的人。

公元1141年12月29日上午，秦桧上朝回来，躲进炉火正旺的暖阁里，如何害死岳飞？他想来想去也想不出办法来，心里烦恼极了。这时候,他老婆王氏走了进来。这个阴险毒辣的女人,见秦桧这个样子,露出一脸奸笑,阴阳怪气地说:"我说老头子,你越来越傻,俗话说,捉虎容易放虎难呐!"她这话的意思是把岳飞偷偷地弄死算啦。经王氏一提醒,秦桧决定不再审判岳飞了。他匆匆写了一张字条给监狱的看守,叫他们在监狱里害死岳飞。当天夜里,岳飞被害,死时才39岁。接着张宪和岳云也被杀害。

临安人民听说岳飞被害的消息,痛哭流涕,悲愤异常,都没心思过年了。人们在门口摆设香案,把本来预备祭神祭祖的供品用来祭祀岳飞。

岳飞死后14年,恶贯满盈的大奸贼秦桧因遇刺惊吓,一病不起,终于病死,结束了他可耻的一生。

到宋孝宗的时候,岳飞的冤狱得到了彻底的昭雪,恢复了名誉,追赠"武穆"的封号。明朝时候有人用生铁铸了秦桧、王氏、万俟卨、张俊四个奸贼的跪像,让他们跪在岳飞墓前向岳飞请罪。几百年来,人们前去瞻仰岳飞墓,对岳飞无限崇敬,对奸贼同声唾骂。精忠报国的英雄流芳百世,陷害忠良的奸贼遗臭万年。

金世宗节俭治国

完颜雍是金太祖阿骨打的孙子,曾封为葛王、曹国公、赵王、郑国公、卫国公。海陵王率兵40万进攻南宋时,完颜雍为东京留守。公元1161年10月8日,完颜雍在东京辽阳府发动政变即位称帝,改变年号为"大定",这就是历史上金朝第五位皇帝金世宗。

金世宗即位后,他勤勤恳恳,兢兢业业,励精求治,采取一列重大措施治理朝政。对外与南宋议和罢兵;对内启用各族人民为官;注意恢复和发展农业生产;重视科举和办学等文化事业;大力弘扬节俭治国的优良作风。他不像历史上别的皇帝那样大手大脚地挥霍浪费,而是从自己做起,一直过着俭朴的生活,并要求下面的人也这样做。很多感人的故事被后人所传颂。

他在即位之初，对负责皇帝安全的大臣说："宫殿的规模和陈设一切照旧，不要再扩充和添置了。如今百姓生活很苦，不能再向民间增派徭役，扰乱百姓的生产。只要加强皇宫的警卫，不许坏人进来，皇宫的安全就有保障了。安全与皇宫规模大小是没有什么必然联系的。"

过了几年，生产发展了，社会繁荣了，有一些贵族开始奢侈起来，有的花很多钱去烧香拜佛，有的狂吃狂饮尽情享乐，有的花很多金银去修饰自己的府院，还有的建议重建一座皇宫。金世宗了解到这些情况后，在一次坐朝议事的时候，对大臣们说："古代尧舜的时候，宫殿没有华丽的装饰，与百姓住的房屋差不多。汉朝的文帝也很讲节俭，得到了百姓的拥护。我对自己住的宫殿一直怕弄得过度豪华了。有时候因年多月久需要维修一下，我总是想方设法从其他方面省些出来，作为维修的费用，以免增加国库的开支。如今我这宫殿住着够舒服的了，不要再修建新的皇宫了。"接着他又批评贵族们的浪费行为，说："狂吃狂饮是败家子的行为，我最近只在太子生日喝过酒，以往我也只是在元宵节、中秋节喝酒，从没喝到酩酊大醉的程度。至于花钱去烧香拜佛，这是我一向反对的。历史上梁武帝到同泰寺舍身为奴，辽道宗拿民户赐给寺庙做佃户，还封一些和尚做三品官，这真是劳民伤财而又愚蠢透顶的事，为什么要效法这些昏庸之主呢？"

金世宗平日吃饭顶多用四五味菜，他说："有四五味菜我

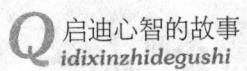

成吉思汗临终前的嘱咐

成吉思汗是一位民族英雄。他把濒临灭亡的蒙古人从金朝的桎梏下解救出来,把互相残杀的蒙古各部统一起来。成吉思汗统一下蒙古之后,又开始了向西向南的扩张。他西征结束的第二年,也就是公元1226年,亲自率领10万大军进攻西夏,继而再进攻金朝,公元1227年夏,西夏国外有蒙古军的重重包围,内有中兴府一带的强烈地震,房屋倒塌,瘟疫流行,粮食断绝,西夏国王到了山穷水尽的地步,投降了成吉思汗。这时候,成吉思汗在今甘肃省清水县避暑,不幸染上了斑疹伤寒。成吉思汗因年老体弱,又天气酷热,病情一天比一天严重。他估计自己活不多久了,在病床上考虑着一件大事:汗位的继承。

一天,成吉思汗把窝阔台和其他几个儿子叫到身边,撑起

已经嫌多了,何必再增添呢?多了吃不完,白白浪费,多可惜。"他平日不喜欢吃太多的鱼肉,爱吃蘑菇一类的蔬菜。手下的人为了拍马屁,听说今河北省蔚县西南地方出产的蘑菇味道鲜美,就叫当地官员大量进贡。当地官员听说皇帝爱吃,自然不敢怠慢,每天都要派出上千人上山采蘑菇。金世宗知道后,非常生气。他对大臣们说:"听说蔚州地方派上千人为我采蘑菇。我一个人能吃得了多少?为什么要这样兴师动众?从今以后,凡是以我的名义下达旨令必须向我报告,得到我的同意,并记录在案,才算有效,否则,就是假传圣旨,犯有欺君之罪,一定要严厉处分。"

金世宗平日注意节俭,过年过节也不铺张。有一次过年,宫廷中多杀了几头羊,他听说了很不高兴,说:"辽朝时候,宫廷中每天要宰三百头羊,实际上根本吃不了,只是为了摆摆阔气。我虽然贵为皇帝,每次吃饭的时候总会想到贫民忍饥挨饿的情形。一想到他们,我就觉得自己吃什么都很香,都很满足,不再想吃什么山珍海味了。"

金世宗就是这样以身作则并严格要求别人厉行节俭的。"历揽前贤国与家,成由俭败由奢。"他在位29年,金朝出现了政治清明,社会安定,国家兴旺发达的景象。历史上把金朝的这29年称为"小康之世",金世宗也因此而获得了"小尧舜"的美称。

成吉思汗临终前的嘱咐

身子,用沉重的语气说:"我的病情很重,眼看无法医治了。你们当中需要有一个来继承帝位。如果你们个个都想当大汗,继承帝位,互不谦让,岂不是又像一头蛇和多头蛇的故事?"

这个一头蛇和多头蛇的故事是成吉思汗经常对儿子们讲的:在一个寒冷的夜晚,一条多头蛇为了御寒,想爬进洞去,司是,这条蛇身上的每一个头都要争着先钻进洞口,谁也不肯相让。时间长了,这条蛇冻死在洞口。而另一条一头蛇却顺利地钻进洞里,安全地度过了严寒。成吉思汗想用这个故事教育他的儿子们,要同心协力,听从指挥。

窝阔台等人听了成吉思汗的话,都跪在地上说:"我们愿听从您的命令和吩咐。"

成吉思汗又说:"如果你们想要永远过安乐和幸福的生活,享受权利和富贵,那么,我要立窝阔台继承我的汗位,因为他雄才大略,足智多谋,在你们当中,谁也不好和他相比;我想让他出谋划策,统帅军队和百姓,保护国土。不知你们对这个想法有什么意见?"诸子们异口同声地说:"谁有权力反对您的话,谁有能耐拒绝它?"

成吉思汗接着说:"既然这样你们要口比着心,言行一致。现在,你们就要立下文书,我死后你们要承认窝阔台为汗,把他的话当作肉体的灵魂,不许更改今天当着我的面决定的事儿,更不许违反我的法令。"窝阔台的弟兄们遵照成吉思汗的圣训,立下了拥立窝阔台继承汗位的文书。

窝阔台在位12年，他继承了成吉思汗的遗志，与兄弟们团结一致，同心协力，在公元1234年灭掉了金朝。又在公元1235—1242年，拔都西征。这些都为元世祖忽必烈建立强大的元朝奠定了坚实的基础。